最後のテレビ論

鈴木おさむ

文藝春秋

最後のテレビ論

はじめに　――断筆宣言――

　放送作家という職業をやっております、鈴木おさむと申します。１９７２年生まれの現在51歳。19歳の時から32年間、この仕事をしています。代表作を一つ選べと言われたら、フジテレビ「ＳＭＡＰ×ＳＭＡＰ」になるでしょう。始まるときから終わるまでの20年間、ずっと携わらせていただいたので。

　バラエティー以外にも、ドラマや映画、舞台の脚本や演出もしています。人気漫画「ＯＮＥ ＰＩＥＣＥ」の映画「ＯＮＥ ＰＩＥＣＥ ＦＩＬＭ Ｚ」という作品の脚本も書かせていただきました。２０２４年、Netflixで配信予定のプロレスラー・ダンプ松本さんの人生をベースにしたドラマ「極悪女王」という作品の企画・脚本・プロデュースもさせていただいています。これまでも色んな作品をやらせていただいている幸せ者なのですが……。

そんな僕ですが、放送作家・鈴木おさむは、２０２４年3月31日をもちまして、32年間やってきた放送作家を辞めることにしました。

放送作家業だけでなく脚本業も辞めます。つまり、作家っぽく言えば断筆宣言というのでしょうか。

僕は今現在、バラエティー番組の構成を15本近くやっていますが、それを辞めます。脚本も、今現在、5本以上のドラマや映画の脚本を書いているのですが、3月31日までに全てを書き切り、辞めます。

僕が辞めると言うと、「一昨年、書いたあの小説のせいで辞めるのか？」と想像&考察する方もいるかもしれません。

でも、そうではないのです。

では、なぜ辞めるのかと言いますと、僕は19歳でこの業界に入り、25歳から、父の仕事で仕方なく出来てしまった借金を馬車馬のように働き、7年間で2億円近く返したり、30歳で妻（森三中　大島美幸）と交際0日で結婚したり。昨今、交際0日婚という言葉もよく聞くようになりましたが、おそらく自分たちがこの先駆けでしょう。婚姻届を出しに行った日が初めて二人きりになった日で、その日の妻の最初の言葉が「なんか二人だと気まずいね」でした。婚姻届を出し、ガチの0日婚から、結婚生活は20年以上経っています。

妻が2度の流産を経験し、そのあと妊活に入るも、自分の精子に問題のある「男性不妊」であることがわかったり、ようやく息子の笑福（えふ）を授かり、1年の間、放送作家業を育休したりと、なかなか振り切って生きてきました。その中で沢山の作品を作らせていただきました。

僕はたまに自分の人生を俯瞰で振り返る癖があります。50歳になる手前くらいから、自分の人生を俯瞰で見たときに、この5年くらいの自分の生き方が「おもしろく生きてないな」と思ってしまったのです。

お陰様で遣り甲斐のある仕事は沢山いただいているのですが、特にＳＭＡＰが解散してから、以前のように、１２０％を超えるフルパワーが出にくくなってしまった。スイッチが入りにくくなったんです。

そして新しいことに挑戦するなら、51歳の今しかない。今だったら間に合うと思っています。

だから、32年やってきた放送作家を辞めることにしたのです。

4月からは、若い人たちを応援する仕事に挑戦しようと思っています。

でも、次に何をするかというより、今の仕事を辞めると決めることが大事なんです。

辞めると決めないと、新しい地図を描けないと思ったのです。

僕が辞める上で沢山の方々にご迷惑をおかけしてしまうと思います。本当にお許しください。

辞める理由を書いてきましたが、それでも、「本当に理由はそれなのか？」と考える方も少なくないと思うのです。僕が所属する事務所や周りのプロダクションからの圧力があったのではないか？　と。

そう考える理由はわかります。２０２２年末に僕が「文藝春秋　１００周年記念号」にＳＭＡＰの謝罪会見の話を元にした、小説「２０１６０１１８」を書いたからです。

辞めるまでの半年の間、思っていることはここで全部書くと決めているので、僕が今、所属しているプロダクションとの関係から書かせていただきます。

僕はこの20年近く、山下達郎さんや竹内まりやさんが所属する「スマイルカンパニー」とマネジメント契約をさせていただいています。

スマイルカンパニーと言えば、昨年、所属されていた松尾潔さんとのことがネットニュースや雑誌に取り上げられていました。

そもそも僕がスマイルカンパニーに入ったのは、30歳になる前に、ＳＭＡＰのマネジメントをされていて僕がずっと尊敬している飯島三智さんから「あなたもこれからマネジメントとか必要になるから、入った方がいいよ」と言われて、ご紹介していただいたことがきっかけでした。

今は相談役になられましたが、スマイルカンパニーを立ち上げた社長、小杉理宇造さんには、本当に自由にやらせていただきました。僕がトラブルを抱えた時にも全力で対応していただきましたし、重度の障がいを持つ僕の甥っ子が命に関わる病気になった時に病院も紹介していただき、そのお陰で甥っ子は元気に生きています。本当に感謝しています。

そんな感謝している小杉さんに対して、あの小説を書くという、小杉さんの意に背くことをした。小説を見て、小杉さんは本当に驚いたはずです。「文藝春秋」に出るまで僕はうちの事務所には一切言わなかったからです。事務所側からすれば、僕のテロみたいに思っても仕方ない。

２０１６年に放送された「ＳＭＡＰ×ＳＭＡＰ」での謝罪放送のことをベースに小説として書き上げることは、それほどのことだったのです。

もともとは、「文藝春秋」編集長だった新谷学さんから執筆依頼がありました。ＳＭＡＰが解散したときのことで何か小説を書けないかと。

普通なら断ります。ただ、僕も放送作家ですが、「作家」と名の付いた職業をしています。しかも「文藝春秋　１００周年記念号」。

それに、いつかどこかで、あの謝罪放送に関しては、自分の中での決着をつけなきゃいけないと思っていたのです。人を楽しませるものがテレビなのに、あの放送は見た人を不安にさせ、悲しませた。あんなのはバラエティー番組じゃない。

僕があの小説を書くことで彼らのファンの方に一滴の希望を与えることが出来ないかと思ったのです。

それが、あの小説を執筆した一番の理由です。

当然、覚悟をもって書きました。これが出たら、僕はもう今の仕事が出来ないかもしれないとも思った。

小杉さんは、古くからジャニーズ事務所とも付き合いがあったし、僕が何も言わずにこの小説を出したら、悲しむだろう。怒るだろう。「先に言ってほしかった」と言うだろうと。でも、先に言っていたら絶対に書けなかったと思うのです。

「文藝春秋」は発売になり、最初は不安の方が大きかったのですが、沢山の方の感想を読み、今は書いてよかったと思っています。

発売から1週間ほどたち、うちのマネージャーから電話が来て、急遽、事務所に行くことになりました。小杉さんが僕と話をしたいと。当然、いつかそうなるだろうと思っていました。

部屋に入ると、小杉さんは笑顔で僕を出迎えてくれました。

小杉さんと話を始めると、小杉さんは僕に笑顔で拍手をしながら「20年間お疲れさまでした」と優しく言いました。

優しく言っていましたが、「お疲れさまでした」ということは、つまりは、僕は「辞める」ということなんだなと理解しました。そして、近いうちにスマイルカンパニーを辞めるように手配するということも言われました。言い方はずっと優しく。

僕はそのことを受け止めました。突然あの小説を出した僕が悪いのは十分わかっていますし、責任も取らなきゃいけない。

それくらいの意味のあるものだということも理解していました。

ですが、それから少し経ってから、山下達郎さんと会うことになりました。

正直、怒られるのかなと思って行きましたが、達郎さんは僕が一人の作家として、クリエイターとしてあの小説を書いたことに対して、今、会社を辞めるべきじゃないことを伝えてくれました。

会社に背くようなことをしているのに、山下達郎さんは僕の作り手としての思いを尊重してくれたんだと思います。感謝しています。

ということがあって、僕は結局、スマイルカンパニーを辞めることなく、今に至っています。3月31日で放送作家を辞めるので、そこでスマイルカンパニーさんを本当に「卒業」させていただきます。なので僕が放送作家を辞めるのは、事務所の圧力やプレッシャーではないと熱く伝えさせていただきます。自分の思いで自分の為に放送作家を辞めます。

さあ、これは「最後のテレビ論」です。僕はテレビのことやその裏側をいろいろ語ることはしてきませんでしたが、あと半年。テレビも本当に大きく変わっていく今。僕が辞めるまでに、自分がテレビに思うこと。経験してきたけど今までは言うべきではないなと思ったこと。

それらをここで、書いていきたいと思います。もちろん、エンターテインメントとして、テレビへの愛をこめて。

放送作家　鈴木おさむ

第三章　僕が尊敬するテレビの裏方たち

第四章　スター&レジェンドとは

第五章　最後のテレビ論

第一章

放送作家の仕事って？

自分に付加価値をつける

1991年4月、僕は千葉県南房総市の千倉町(ちくらまち)というとんでもない田舎町から上京してきた。

そして8月に、僕の師匠となる放送作家の前田昌平さんと出会い、前田さんが1992年の2月に僕をニッポン放送に連れて行ってくれた。

ここが放送作家としてのスタートです。ここで「山田邦子涙の電話リクエスト」と、「槇原敬之のオールナイトニッポン」という2本の番組に参加し、見習い作家として修業させて貰うことになった。

僕は19歳。自分が一番おもしろいに決まってると思い込んでいる。「槇原敬之のオールナイトニッポン」は火曜の深夜3時からスタート。

24時くらいにニッポン放送に行くと、僕より半年ほど前に入った先輩の作家Tさんが準備をしていた。とても物腰の柔らかいTさん。僕が挨拶をすると、出身や大学のことなどを優しく聞いてくれた。

Tさんは明治大学に通っていたと言いました。明治大学と言えば、そのころ世間を騒がせていたニュースがあった。明治大学替え玉事件。人気司会者・なべおさみさんの息子さんを明治大学に受からせるために、明治大学の学生が、替え玉となって受験した。だけど、それがバレてしまったという事件。

ブローカーが、なべおさみさんと明治大学の学生の間に入り、お金をもらって、替え玉を仕掛けていたのだ。なべおさみさん以外にも、替え玉を頼んだ人がいた。

これが明るみに出て大問題になり、連日ワイドショーで取り上げられた。もちろん替え玉をした明治大学の学生は退学になった。退学になった生徒は僕と年も近かったので、「こいつら人生終わったな」と思っていた。

そんな明治大学の話を思い出した。

そこに番組のディレクターのHさんがやって来た。僕がHさんに「今日からよろしくお願いします」と言うと、Hさんは「ねえ、鈴木君、君には何があるの？」と聞いてきた。「なにがあるってどういうことだろう」と思った。自分はおもしろいものを考えられる自信があった。

だけど、Ｈさんはそんなことを聞いてるわけではなかった。Ｈさんは、Ｔさんの肩を叩きながら僕に言った。「あのね、このＴはね、明治大学替え玉事件の犯人なんだぞ」と。

僕は耳を疑いました。Ｔさんは「ちょっとやめてくださいよ」と照れ臭そうにしている。

そうなんです。Ｔさんは明治大学の替え玉事件がバレて退学になってしまった犯人だったのだ。

僕が人生終わったと思った人が目の前にいる。しかも放送作家の先輩として。

さらに驚いたのは、ＨさんがＴさんの肩を摑み、「すごいだろ！」と自慢げに言ったこと。

え？　すごい？　どういうこと？

世の中的にはアウトなはずなのに、ここでは「すごい」ってことになるの？

僕はここでいきなり大きなことを学ぶ。自分の「付加価値」について。

明治大学替え玉事件の犯人だということは社会的にＮＧなことだと思っていたが、この業界だと他の人が経験したことのない経験をしたやつとして、その経験すら付加価値になるのだと。

それが付加価値だとするなら、僕には何もないじゃんと、そこでようやく気付く。

おもしろいものを書くには、まずおもしろい人にならないといけないのだ。

僕はおもしろくない。おもしろそうじゃない。

おもしろい経験をしたTさんが書くものには期待値がある。だけど、何の付加価値もない僕の書くものは期待値も小さいのだと。

そこから僕は、どうやったらおもしろいと思ってもらえるのか、付加価値探しの人生が始まった。

自分をおもしろいと思ってもらえていないので、自分が何を書いてもなかなか興味を持ってもらえない。

どうしたらいいんだ？

ある日、ニッポン放送にいたディレクターさんがＳＭクラブの話をしていた。都内でＳＭクラブが流行り始めたころ。「どんなところなんだろうね？」「行ってみたいけど、その勇気ないな」なんて話をしている。

そこで僕は思った。ＳＭクラブに行って体験して来たら、この人たちは僕に興味を持って話を聞いてくれるかもしれないと。

風俗すら行ったことのなかった僕は、風俗雑誌を買って、いきなり目黒のＳＭクラブに電話し、予約した。

めちゃくちゃドキドキした。生きて帰って来れるのか？　なんて思っていた。

人生初のＳＭクラブ。ちなみにＭコース。

体験したすべてをメモに取り、翌日、ニッポン放送に行ったときに、大人たちに話したのです。「実はＳＭクラブに行ってきまして」と。

すると皆、「えー⁉　マジで」と驚き、僕の話を興味深く聞いてくれた。その日からその大人たちの僕への接し方が変わり、「こいつ、ちょっとおもしろいかも」と思ってもらえるようになった。僕の出したネタも興味を持って見てもらえるようになり、笑ってもらえるようになった。そして、徐々に仕事を振ってもらえるようになったのだ。

僕がこの業界に入って初めて手に入れた付加価値は「19歳でＳＭクラブに行っちゃうやつ」だった。

そして気づいた。テレビもラジオも、人が知らないこと、興味はあるけど体験できていないことを伝えるもの。だから、人が経験していないことを経験してることは強いのだと。

ここから、僕の「付加価値探しの旅」は続く。

25歳の時に、1億円の借金を背負ったことも。

30歳で妻と交際0日で結婚したことも。すべて付加価値となっていく。

そして、32年やってきた放送作家を辞めることも、付加価値探しの結果なのかもしれない。


ニッポン放送に毎日のように通うようになり、1年ほど経つと、いろいろな仕事をもらえるようになった。

そのうちの一つが、ニッポン放送の夕方の人気番組「鶴光の噂のゴールデンアワー」。笑福亭鶴光さんとアシスタントの田中美和子さんが繰り広げる会話が好評の番組で、鶴光さんが細かく挟みこむHなネタも人気だった。

僕はこの番組のアシスタント作家をやっていた。毎日、リスナーと電話を繋いで行うクイズコーナーがあって、新聞などを見てクイズを10問作る。

アシスタント作家は2人いて、僕が週に3日、もう一人が2日担当する。

チーフ作家さんは日替わりで5人いて、チーフ作家が台本を作る。

この番組は、オープニングトークからかなり細かい台本が作られていた。作家が、その日のニュースなどに絡めて、鶴光さんと美和子さんの会話に仕立てていく。

この番組の台本を書けることは放送作家としてのステータスで、僕もいつかこの台本を書けるようになりたいと思っていた。

22歳になった時、そのチャンスが訪れる。この番組のチーフプロデューサーに、野々川緑さんという女性の方がいた。

野々川さんは僕の才能をとても買ってくれていて、あるとき、僕に聞いた。「おさむもチーフ作家になりたいか？」と。僕が力強く「なりたい」と答えると、「だとしたら、来週水曜日から、台本を書いてきなさい」と言った。

「台本？」と聞くと、「もし自分が水曜日の作家さんだったらどんな台本を書くか、火曜日の夜から書いて、水曜日に出しなさい」と。

もちろん僕の台本は使われることはない。

僕をチーフ作家にするために、毎週台本を書いて、それを野々川さんが添削するというのだ。

僕は毎週火曜日の夜から台本を書き始めた。色々な仕事を終えて、深夜0時過ぎに書き始めると、朝10時くらいに書き終わる。

それを持ってニッポン放送に行き、野々川さんに渡すと、2日後に、野々川さんは赤ペン先生として大量に赤を入れた原稿を戻してくれるのだ。

文章の書き方や、鶴光さんの喋りの癖をもっと摑めとか、ダジャレのセンスとか、自分に足りないアカデミックさとか、びっしり赤が入る。赤を入れるだけでも数時間かかったはずだ。

僕は毎週火曜日の夜から、放送されることのない台本を書き続けた。期間は半年間。野々川さんは半年間、毎週、僕が書いた台本に、とても細かく赤を入れてくれた。

3カ月ほど経ったころから徐々に赤が減ってきた。

そして半年が経ち、僕は水曜日のチーフ作家にしてもらえたのだ。22歳の若造が人気ワイド番組のチーフ作家になることはなかった。

だけど、野々川さんは半年間で鍛え上げ、僕のステージを変えてくれたのだ。僕が初めてチーフとして放送を迎える数日前。野々川さんは僕に言った。「おさむ、残念ながら、私がお前と付き合ってるんじゃないかと言ってるアホな男がいるんだよ。そういうやつをギャフンと言わせてやれ！　今のおさむなら出来る！」と。

野々川さんは僕の背中を強く押してくれた。

そして、「鶴光の噂のゴールデンアワー」のチーフ作家になった経験は、大きな自信となった。

ニッポン放送では、チーフ作家になった僕に仕事をオファーしてくれる人がさらに増えた。

金曜日の3時〜5時は「オールナイトニッポン」の単発枠で、毎週、これから期待の人が番組を担当する。

そのころ、「悪魔のＫＩＳＳ」というドラマに出ていた常盤貴子さんは、体当たり演技が話題になっていた。その常盤貴子さんのオールナイトニッポンの仕事をオファーされたのだ。僕と同じ年齢の常盤さん。

番組は常盤貴子さんのキャラクターが存分に生かされたものになり、社内の評価も高かった。

そして、常盤貴子さんの30分番組が新たに始まると噂を聞いた。僕は思います。当然、自分に作家のオファーが来ると。

だけど、いつまで待ってもオファーが来ない。ディレクターの前を白々しく何度も歩くが仕事のオファーはしてくれない。

すると、ニッポン放送ですでに沢山の番組を担当している放送作家の先輩Ｋさんが僕のところに来た。

Ｋさんは言った。「実は俺、常盤さんのオールナイトニッポン、めちゃくちゃやりたかったんだよ。そしたら今度レギュラー番組が始まるって聞いたから、俺、やりたいって直訴しに行ったんだ。だから俺、やることになったから」と。

それを聞いた時、ものすごく腹が立った。仕事取ってんじゃねえよ、と。

だけど、作家としての能力としてはKさんの方が高い。ディレクターからしたらKさんがわざわざ直訴してくれたら「お願いします」となるだろう。

とはいえ、そのように冷静に考えられない僕は、めちゃくちゃムカついた。Kさんは僕に言った。「おさむもやりたいことがあったら自分で口にしなきゃダメだよ。取られちゃうぞ」と。

こいつ何言ってんだと思ったが、口には出さなかった。

そのころの僕は、やりたいことを口にするなんて、ガツガツしてて格好悪いと思っていた。だけど、Kさんはやりたいことは口にしろ、つまりガツガツしろと言っている。

あまりにも腹が立ったので、僕はその日からやりたいことは口にするようにした。

ニッポン放送はAM局。僕は音楽も好きだったので、FM局で仕事をしてみたかった。だからニッポン放送の中で「僕、FMでも仕事してみたいんですけど、誰か知り合いいないですかね？」と言うようになった。

これは、日本テレビの中で「俺、フジテレビの仕事したいんですけど」と言ったり、

ＴＯＹＯＴＡの社内で「俺、日産の仕事したいんですけど」と言ってるようなものだ。僕の発言に対して「あいつ、何言ってんだ？」と言ってる人もいたはず。でも、口にすると誰かは聞いているもの。

フリーのラジオディレクターの勝島康一さんはニッポン放送でも東京ＦＭでも仕事をしている人だった。勝島さんがある日僕の所に来て、「おさむ、ＦＭで仕事したいって言ってたよな？　おもしろい仕事があるから、一緒に東京ＦＭに来ない？」と言った。

東京ＦＭに行くと、ある人のレギュラー番組が始まるというので、勝島さんが僕を栗原さんという男性に会わせてくれた。

栗原さんは、今までのＦＭらしからぬ、ニッポン放送の番組のようなものを作ろうとしていて、若くておもしろい作家を探していた。だから勝島さんが、僕に声をかけてきたのだ。

栗原さんは僕に言った。「ＳＭＡＰの木村拓哉って興味ある？」

Ｋさんがあの時、僕の所に来てあの言葉を言ってくれなければ、僕は木村拓哉さんと出会っていない。ＳＭＡＰの仕事もしていないのだ。

ニッポン放送では若くして沢山の経験をさせてもらった。忘れられないのが、DREAMS COME TRUEの吉田美和さんのオールナイトニッポン。ニューアルバム発売のタイミングで、1回だけ吉田美和さんのオールナイトニッポンが生放送されることになった。僕は23歳だったが、この番組の作家をすることになった。その頃のドリカムはもうトップアーティストだ。大会場でライブをしまくっている吉田美和さんだから、ラジオの生放送なんて大したことないと思ったら、そんなことなかったのだ。

一人で長時間の生放送は初めてで、ものすごく緊張している。中村正人さんは、吉田美和さんをリラックスさせるためにニッポン放送に来ていた。当時は、中村さんも一緒に生放送をやればいいのにと思ったが、それじゃ意味がない。吉田美和が1人で喋るという貴重なラジオを中村さんはやりたかったのだ。

始まる直前まで中村さんは美和さんに「大丈夫、大丈夫。いける、いける」と言っている。最初はそういうポーズなのかなと思っていたが、吉田さんは本当にド緊張していたのだ。

番組が始まると、その緊張している感じも吉田美和のキャラクターになる。途中多少は慣れてきたが、それでも、CM中は中村さんがスタジオに来て、「いいよ、いい感じゃん」と声をかけている。

吉田美和さんは、目の前に座っていた僕をとても頼りにしてくれた。

番組の最後の最後。「サンキュ.」という曲を急遽、生歌で歌うことになった。楽器はない。

その時だけ中村正人さんがスタジオに入っていて、机をパーカッション代わりに叩く。

僕の目の前で、吉田美和が生で歌う「サンキュ.」。

人生で、歌に一番感動したのはあの瞬間だ。

放送が終わると、吉田さんは心から安心した様子だった。そして僕の手を握って感謝してくれた。ここも「サンキュ.」だ。

普段どんなに大きい会場で歌っていようが、常に全力だからここまで緊張するのだろう。そしてそれはきっと今も変わっていない。

だからトップを走り続けているのだ。

他にも、ニッポン放送では様々な縁をもらえた。ナインティナインのオールナイトニッポンを立ち上げた神田比呂志さんという方がいる。吉田美和さんのオールナイトニッポンも神田さんに誘われたのだが、その1年ほど前のこと。

芸人・よゐこの単発のオールナイトニッポンをやるためのオーディションテープを作りたいと神田さんから連絡が来た。

当時、よゐこはナインティナイン、極楽とんぼとともにフジテレビの「とぶくすり」という深夜の番組に出演して人気が出始めていた。

よゐこと会ってみると、年齢も近くて話が合い、自分たちの年齢でしか作れないラジオを作ろうと時間をかけてオーディションテープを作った。なかなかOKが出なくて、神田さんとともに週に一度は集まってラジオコントなどを作っているうちに、どんどん仲良くなっていった。

そして、金曜深夜3時からの番組をやれることになった。

放送前の木曜の夜、ニッポン放送に集まり、よゐこと台本をチェックしていると、会議室に警備から電話がかかってきた。フジテレビの片岡飛鳥さんがナインティナインとの打ち合わせのために来ていると。

その日に生放送があるナインティナインがいるのは別の会議室だ。それを、警備員さんが間違えて自分たちがいる部屋に電話してきたのだ。しかも、ナイナイはまだ来ていなかった。

僕は片岡飛鳥さんにはお会いしたことがなかったが、当然名前は知っていた。片岡さんは「とぶくすり」を作っていたので、よゐこに「片岡飛鳥さんがナイナイとの打ち合わせのために来てるみたい」と言うと、よゐこが「じゃあ、この会議室に来てもらいましょうよ」と言って、ナイナイが来るまで僕たちがいる会議室で待ってもらうことになった。

数日後、よゐこの濱口優さんから連絡があって、「よゐことあんなふうに話す作家さんを初めて見た。興味があったら新しく始まる番組に参加しないかなと飛鳥さんが言っている」と言った。「とぶくすり」が進化した「とぶくすりZ」という番組に誘われたのだ。

その番組はその後、「めちゃ×2イケてるッ!」に発展していく。

あの時、警備員さんが電話を間違えていなければ、ナインティナインが早めに会議室に来ていたら、僕は「めちゃイケ」の作家をすることもなかった。

22歳から23歳の時に、ニッポン放送で神様のイタズラのようなことが沢山起きて、それが「SMAP×SMAP」と「めちゃ×2イケてるッ!」に繋がる縁となったのだ。

放送作家はテレビ局員のパートナー

放送作家って結局何をやってるの？　と思う方も多いと思う。

バラエティーに関することと全般をしているのだが、シンプルに言うと、「おもしろいこと」を考えるのが放送作家の仕事である。

バラエティー番組の企画を考えて、それを台本にしていくというのが一番わかりやすいかもしれない。

企画にも2種類ある。番組全体の企画を考える場合と、レギュラー番組の番組内の企画を考える場合だ。

前者はさらに、僕らに発注をしてきたプロデューサーやディレクターにすでにアイデアがある場合、タレントだけ決まってる場合、0から考える場合と様々だ。

テレビ朝日の「家事ヤロウ!!!」という番組は、テレビ朝日の奥川晃弘さんと新たな企画を話しているときに、カズレーザー、バカリズム、KAT－TUNの中丸雄一さんの3人の座組で作りたいというところから始まった。3人で何をやったらおもしろいか？　と考えていくうち、当時はバカリズムも独身だったので、独身の男性が家事を学んでいくのはどうかという話になり、「家事ヤロウ!!!」という企画になった。

奥川さんは、「日本人は言葉遊びが好きだから」と言葉遊びを入れたタイトルや企画名を求める。「家事をする野郎」と「家事をやろう！」をかけて「家事ヤロウ」と言ったのは奥川さんだ。僕がやってきた番組の中でも、特にシャレていて、企画趣旨がすぐにわかるタイトルだと思う。

日本テレビの「人生が変わる1分間の深イイ話」という番組にも参加したが、これは、日本テレビの高橋利之さんから話があった。

僕はもともと「行列のできる法律相談所」という番組の立ち上げに参加していた。僕が入った時には企画の骨子はあったので、それを具体的に詰めていったのだが、特番として数回放送された時に、裏番組と被ったことなどがあって番組を抜けた。それ以来、トシさんはずっと「なにかやろう」と言ってくれて、それで作ったのが「1分間の深イイ話」だ。

まず、何か「いい話」を軸にした番組は出来ないかと二人で考えた。

長いＶＴＲでいい話を見せる番組はあるけど、短い時間で見せていく番組はない。しかも、感動の実話だけではなく、その人の哲学や考え方なども見せていこうということになった。

タイトルを考えたのはトシさんだった。僕は他のタイトルもいろいろ提案したのだが、最初からトシさんの頭の中にあった「深イイ」という言葉に最後までこだわり、このタイトルになった。

人にもよると思うが、僕はプロデューサーやディレクターの思いを最終的には優先する。責任を取るのは局の人だからだ。

フジテレビの「ココリコミラクルタイプ」は、ココリコと女優さん、俳優さんが、視聴者の体験したことを「再現コント」にして見せる番組だった。

これは、フジテレビの石井浩二さんと、当時人気が出始めていたココリコで何か番組を作ろうということになって考えた番組だ。フジテレビなので作りもの（コントなどをやる番組）にこだわりたい。だけど、それまであったフジテレビのコント番組とは違うものにしないとヒットしないのではないか。

石井さんと何度も会議して、視聴者の体験を募集して、再現するものにしようということになった。当時「再現ドラマ」が流行っていたのだが、再現ドラマよりも笑いの部分を強調する「再現コント」という言葉を作って、それをやろう、と。石井さんとは何個も番組を作ってきたが、脳みそのハマり方が一番合う人だったと思う。

それまで再現コントというもの自体がなかったので、どこまでコントっぽくしていったらいいのかは手探りだった。局内のお笑いにこだわるディレクターやプロデューサーに「そもそも、『再現』と『コント』は掛け算として成立しないんだよ！」と嫌みを言われたことも何度もあった。

それでも、石井さんやみんなと微調整を繰り返していき、石井さんたちは現場で出演者のココリコや松下由樹さん、坂井真紀さん、八嶋智人さん、小西真奈美さん、品川庄司たちと模索しながら、「ありそうでなかった」再現コント番組を作り上げた。今では「再現コント」という言葉が普通に使われている。

ちなみに、石井さんはいろんな業界から新たなものを見つけたり掘り出してくるのが好きで、稲垣吾郎さん司会の深夜の芸術番組「稲垣芸術館」を一緒に作るときに、リリー・フランキーさんを司会に大抜擢した。リリーさんがテレビ番組にレギュラーで出るようになったのはあの時が初めてだった。そのあと「ココリコミラクルタイプ」にもスタジオのレギュラーとして出てもらったのだが、石井さんは、周りの人に「あのおじさんは誰だ？」とよく言われたらしい。つまりは「他に、もっと誰かいるだろ」と言いたいのだと思う。

だが、番組をやっていく中でリリーさんの認知度も上がっていき、小説『東京タワー～オカンとボクと、時々、オトン～』が大ヒットしたあたりから、局の人が何人も「リリーさん、紹介してよ」と言ってきたのだとか。結果、『東京タワー』はフジテレビの月9で連続ドラマになった。

番組を作っていく中でタレントさんが売れていくのは、作っている側としてもとても気持ちいい。

結局、放送作家というのはテレビ局のプロデューサーやディレクターのパートナーである。

恋人であり、妻であり愛人のような存在でもある。

そのマッチングがうまくいくと、1＋1が10にも100にもなっていく。

局の人からしても、自分のアイデアを引き出してくれるパートナーとなる放送作家を見つけることはとても大事なことだ。

ありがたいことに、僕は若いころから自分の才能にベットしてくれるパートナーの方とたくさん出会えた。

正直、今、放送作家になりたいという人はかなり減っているだろう。僕が今、自分が放送作家になった時の年齢だったら、おそらくユーチューバーとか、自分で考えたものを表現できることをしていたと思う。

だけどもし、ここからまだ、テレビ局で新しいものを作りたい！　と、強く思う若者がいるとしたら、そういう人には、若い放送作家だけでなく、ネットなどでおもしろいものを作り始めているけどまだ結果を出せていない人たちを、自分の目で探し出してほしい。それが今からの時代、テレビで新しくておもしろいものを作る近道だと思う。

頑張っている若者に結果を与える

昔から、テレビを作っている人はよく「昔のテレビはすごかったぞ〜」と言う。

僕がこの仕事を始めた１９９２年は、バブルが崩壊した年だ。それでも、思い返すと、大人の方たちに色々な経験をさせてもらった。

19歳でこの業界に入り、20歳の時にニッポン放送でラジオの仕事をさせてもらったのだが、毎週土曜日の夕方に放送されていた「山田邦子涙の電話リクエスト」という番組では、バイトのような仕事も込みで入らせてもらっていた。

当時の山田邦子さんはテレビ界の女王だった。フジテレビでは「邦ちゃんのやまだかつてないテレビ」がゴールデンで大ヒットしていた。この番組からはたくさんのヒット曲が生まれたが、一番有名なのは、ＫＡＮの「愛は勝つ」だろう。

「山田邦子涙の電話リクエスト」は、毎週生放送だった。番組を終えると、ほぼ毎週、出演者とスタッフ10人近くで六本木の焼き肉かしゃぶしゃぶに行く。かなりの金額である。

そして食事が終わった後は、カラオケだ。深夜3時4時まで飲んで歌って遊ぶ。帰りは、ほぼギャラももらってない僕にまで、タクシーチケットをくれた。

その後、ニッポン放送の仕事が増えてきた時も、タクシーチケットをもらった。20歳で、月に30万円以上タクシーチケットを使わせてもらったこともあった。今ではこんなことはありえない。

今でも強烈に覚えている山田邦子さんの思い出がある。

クリスマスの日に生放送があった。ニッポン放送のエレベーターから出てきた山田邦子さんは、サンタの格好をしていた。男性のマネージャーさんはトナカイの格好をしている。カメラがあるわけでもない。聞くと、ニッポン放送近くの有楽町から、二人で歩いてきたのだという。すれ違う人はみんな気づく。人気絶頂の山田邦子がサンタの格好をして歩いているのだから。

なぜそんなことをしたかというと、単純にサービスらしい。クリスマスの日にサンタの格好をした山田邦子が歩いていたらおもしろいし、それに出会えた人は嬉しいはずだと思ったのだろう。

この時初めて「スターってこういうことするんだ」と思った。夢を与えているんだなと。

余談だが、この番組終わりのカラオケでの飲み会に、和田アキ子さんが合流したことがあった。山田邦子さんも和田アキ子さんもかなり酔っていたのだが、ちょっとしたことがきっかけで、二人が口論になった。まるでゴジラ対キングギドラの戦いを間近で見ているような気持ちになり、震えたのを覚えている。

23歳ころからテレビの世界での仕事が増えた。バブルは完全に崩壊していたはずだが、そんなことは感じなかった。

とある番組で番組発の本が大ヒットした。だからといって印税の一部が振り分けられることはなかったし、そんなもんだろうと思っていた。あるとき、その番組のプロデューサーさんに喫茶店に呼ばれ、「いつもありがとうね。番組で本がヒットしたのに、その恩返しも出来てないから」と、パンパンの紙袋を渡された。

重い。何が入ってるんだろうと中を見ると、大量の商品券が入っていた。プロデューサーは僕にそれを渡すと去っていった。

商品券を数えると、１００万円分入っていた。その日の帰り、僕は金券ショップに行き、それをすぐにお金に換えた。90万円になった。テレビだとこんなことがあるんだと、90万円を握り締めて興奮した。

フジテレビで「ＳＭＡＰ×ＳＭＡＰ」がヒットして、生放送で、高級インテリアを懸けてクイズ企画をすることになった。クイズに正解すると好きな商品が選べるというもので、スタジオには本棚、テーブル、ソファーなどがズラリと並んでいた。だが、生放送で、ＳＭＡＰのメンバーはあまり正解を出せず、ほとんど賞品がもらえないという予想外の展開に。

番組としてはそれでおもしろかったのだが、生放送終了後、スタジオには沢山の家具が残った。

すると、プロデューサーの荒井昭博さんは「おさむ、いつも頑張ってくれてありがとうね。残った家具の中で好きな奴、1個あげるよ」と言った。「え？　いいんですか？」と聞くと、荒井さんは「いいよ。頑張ってるから」と言った。

僕が小さな本棚を選ぶと「本当にそれでいい？」と言うので、「じゃあ、あれいいですか？」とソファーを指さすと、荒井さんは笑顔で「もちろんだよ」と言った。

1週間後、そのソファーが家に届いた。僕は家具のことには詳しくなかったが、当時付き合っていた彼女が家に来て「え？　すごい！　カッシーナのソファーじゃん」と驚いていた。値段を調べると、１００万円を超えていた。

その荒井さんの番組で、ヒロミさんが出演する深夜番組があり、僕が構成で入っていた。ヒロミさんが仲間たちと毎回大人の遊びを体験するという番組だ。番組は好評で、ゴールデンでやろうということになり、オーストラリアにロケに行くことになった。

ロケハンという言葉がある。ロケーションハンティングといって、撮影の前に、下見に行くことだ。旅番組などは、事前にしっかりロケハンをして、どれくらいの撮れ高があるかを調べるのだ。

正月にスタッフがオーストラリアのロケハンに行くことになった。荒井さんは、自分は行けないのだが、「おさむも、頑張ってるんだから、行ってきな」と言ってくれた。僕はロケハンなるものに行ったことがなかった。これが初めてのロケハンとなった。

ゴールドコーストのロケハンは、時間的に余裕があり、名所をゆっくり回り、おいしいものもたくさん食べた。

2日目は、ロケハンに来ていた5人でセスナ飛行機に乗った。世界最大のサンゴ礁地帯・グレートバリアリーフの近くまでくると、セスナは急降下して、海の上に着陸した。そんな経験は初めてだった。

そして、みんなでシュノーケリングをした。ずっと先まで見渡せる海で泳ぎ、生き物と触れ合う。最高の経験だった。小さなボートに乗って無人島に着くと、有名なレストランのシェフがいて、料理を作ってくれる。グレートバリアリーフに浮かぶ無人島で酒を飲みながら最高の料理を味わった。

これをヒロミさんたちが実際に経験したら、喜ぶだろうなと思った。いい映像が撮影できると思った。ロケハンって最高じゃん！　と叫びたくなった。

日本に帰って「荒井さん、最高でした」というと、「あ〜、いい経験出来てよかったね」と笑顔で言った。

そのロケハンをもとに会議をするはずだったのだが、なかなか会議が開かれない。スケジュールの都合で、オーストラリアではなく、国内でロケをすることになったのだという。

え？　どういうこと？　あのロケハンなんだったの？

荒井さんに「あんな経験させてもらってすいません」と言うと、笑顔で、「いいんだよ。おさむがそういう体験をしたことは、テレビを作るうえで絶対いつか生きるんだから」と。

あれから何度もロケハンに行ったが、あんな経験は出来ない。もしかしたら幻だったのか？　と思う時もある。
荒井さんはあの時、もしかしたらオーストラリアロケがなくなる可能性があること
もわかりながら、頑張っている僕にいい経験をさせようと思ってくれたのかもしれな
い。
僕は、あの頃は良かったという言葉は好きではない。だけど、頑張っている若者に
大人が結果を与えてくれることで、それがエネルギーになった。
僕は放送作家を辞めた後、若者を応援する仕事をしようと思っている。
あんな経験をさせることは無理だが、大人として、頑張っている人に少しくらい夢
を見させることは必要だなと思う。

テレビ業界のギャランティー

テレビ界の出演者のギャランティーはかなり下がってきていると思う。製作費自体が下がってきているのも大きな理由だ。

90年代は、1時間の司会で1000万円を超える人が結構いたと思う。ある大物タレントの1時間番組の出演料が5000万円まで行き下がったという話を聞いたことがある。噂ではあるが。

僕の知る限りでも1時間番組のギャラが200万円を超えている人が結構いた。バラエティーの場合、隔週で2本撮りする番組が多いので、2週に1回、2本分撮影すると、その人は1日で400万円分稼いだことになる。

僕は、出演料には100万円の川というのがあると思っている。100万円を超えられる人と超えられない人がいて、それは腕だけではなく、スター性が大事。華と言ってもいいかもしれません。

スター性に欠ける人は１００万円の少し手前で止まっていた。80万円とか。それでもすごいんですけどね。

だが、そんな状況もこの5年で明らかに変わってきた。ギャラが高い人は依然として高いままなのだが、そういう人の番組は終了し、減っていった。

ギャラが50万円以下くらいの人を抜擢し、ＭＣにする番組も増えたと思う。

とあるゴールデンの番組。俳優さんと芸人さんとタレント1人の計３人がＭＣをしていて、製作費はとても安い。僕がプロデューサーに、「ＭＣ３人のギャラ、当ててあげようか？　50万、30万、15万」と言ったら「なんでわかるんですか？」と言われた。

大体、ＭＣのギャラは製作費の1割くらいでおさえたいはずなので、それで計算したのだが、見事当たった。

今、ＭＣを始めた芸人さんからしたら、１本１００万超えなんて夢。１本５００万円なんて夢のまた夢。

だけど、時代は変わった。そして、逆に若い芸人さんの中にはYouTubeやネットの配信で売り上げを上げている人も多い。

たとえば、テレビにすごく露出しているわけでもないコンビ芸人Aさん。

彼らは濃いファンがとても多い。先日、単独ライブをやっていたのだが、500人のキャパは満員。チケット代は4000円。これだけだとペイラインぎりぎりなのだが、配信で、2000円のチケットが8000枚売れたらしく、1600万−経費400万で、利益の1200万円を事務所が半分。そして600万円をコンビで分けたので、Aさんには300万円入ったという。昔は芸人さんの単独ライブなんてたいした黒字は出なかったが、今は違う。

濃いファンを持っている人は、かなり利益を上げられる。100万人の認知よりも1万人の熱狂のほうがお金を生む時代になった。

だから、テレビ出演で認知度をある程度上げて、ライブを行い配信で利益を上げるということに夢が移ったのではないかと思う。

そして、我々、放送作家のギャラだが、これもまたかなり下がってきている。

90年代は結構良かったと思う。かなりの若手でも、ゴールデンなら1時間の番組で10万円もらっていたという人は多い。チーフになると、1回で30万円を超えたりしていた。

だが、製作費が下がっていき、最初にカットされるのは作家にかかるお金だ。まず人数を減らす。作家をカットして、その分、ディレクターが作れば出来てしまうということが分かってしまった。

ただ、作家から出てくるある種の異常性のあるネタが減ってくるので、テレビ番組の個性は減っていくと思う。そういう中でも、ＴＢＳの「水曜日のダウンタウン」などは、作家のネタをとても大事にしていて嬉しい。

最近だと23時台の番組でも、作家のギャラが1本1万円の番組もあると聞いた。これは結構夢がない。仕方ないといえば仕方ないのだが。

僕は放送作家を辞めてしまうので、今までで一番ギャラをもらった番組をここで書こうと思う。

フジテレビの「ＦＮＳ27時間テレビ」という番組がある。年に一度やっているフジテレビのお祭り番組だ。僕は何度かチーフで構成をやらせてもらっているが、27時間分作るので、もちろんギャラはいい。僕は１００万円以上のギャラを何度もいただいた。３００万円なんて時もあった。

タモリさん、明石家さんまさん、ビートたけしさん、ダウンタウンさん、歴代いろんなスターがＭＣをやってきたのだが、２０１３年の27時間テレビはなかなか苦しかった。

2011年は「めちゃ×2イケてるッ!」をベースに、2012年は「笑っていいとも!」をベースに作って視聴率的にも成功したのだが、2013年はなかなかメインのMCが決まらなかった。

僕はプロデューサーの亀高美智子さんから声をかけられてチーフで構成をやったのだが、苦しんだ挙句、女性芸人さんを軸に作ることになった。女性芸人さんをメインにして、マツコ・デラックスさんやさんまさん、沢山のスターがアシストに来るという形だった。

メインのキャスティングでは苦しんだが、みんなで頭を悩ませ、様々な企画を立てた。そして、番組中にドラマをやろうということになり、「101回目のプロポーズ」ならぬ「約1回目のプロポーズ」というラブコメディーを軸に置いた。このドラマも全8話分、僕が書かせてもらった。

僕も亀高さんもスタッフも全力で挑んで、例年とは違うが、おもしろいものになったと思った。が、視聴率はいつもより低かった。それがメディアのニュースにもなった。

亀高さんが放送後しばらくして電話をくれた。「最初にキャストが決まらないところから一緒に苦しんで作ってくれて、本当にありがとうございました」と。「一緒に苦しんで作って」という言葉が刺さった。

そしてギャラの話になり亀高さんが言った。「ドラマも全部書いてもらったので、1000万でどうでしょうか?」と。僕はそのギャラを聞いて「え? いいんですか?」と驚いた。

亀高さんは言った。「本当に頑張っていただいたんで」と。

断られる連続からのスタートだった。その中で亀高さんと僕とスタッフと、苦しみながら考えた。その結果に対しての亀高さんの気持ちだった。そのギャラは結果が悪くても、自分たちはおもしろいものを作ったんだからという答えなのだと思った。

値段以上に、その「気持ち」が嬉しかった。

この仕事を32年やってきて、本当にギャラ交渉というのは好きではない。お金じゃないと思ってやってきたが、結局は、僕たちも出演者も評価はお金である。だから、テレビよりお金がいいものがあればそっちに力を入れるのは当然だ。

だが、僕はお金以上に、気持ちが大切だと思う。製作費が安くなって、ギャラが安くなってきた中でも、その時の気持ち、一言でいい。相手に気持ちを口にすることで、そこにはお金以上の価値が出るのだと思う。

僕の人生を変えた二人

TBS阿部龍二郎vsフジテレビ片岡飛鳥　生キャラメル戦争

二人の強烈なテレビマンが出てきます。一人は「中居正広の金スマ」や「ぴったんこカン・カン」などを生み出したＴＢＳの阿部龍二郎さん。

もう一人は「めちゃ×２イケてるッ！」を作った元フジテレビの片岡飛鳥さん。

テレビ界の超レジェンドスターであるこのお二人には、放送作家として大きく人生を変えてもらった。

片岡飛鳥さんとは、僕が22歳の頃に出会った。芸人・よゐこと親しくなり、飛鳥さんが作っていた深夜のコント番組に入らせてもらうことになったのだ。会議はいつも昼過ぎに始まり、明け方近くまで。そこで僕はあらゆる笑いの作り方を学んだ。飛鳥さんは、僕のお笑いとバラエティーの先生だ。

飛鳥さんはよりストイックにお笑い番組としての可能性を追求するし、僕もそれについていこうと必死だった。

阿部龍二郎さんとは20代後半で出会った。

阿部さんの番組の作り方は、本当に独特で、ジャーナリズムとふざけることのバランスがとんでもなく良かった。「今、なぜこれをやるのか？」「視聴者が本当に見たいものは何なのか？」阿部さんは常にそれを追求していた。

例えば、大食いのギャル曽根がブレイクした頃、世間には「本当に大食いしてるのか？」と怪しんでいる人もいた。そこで「金スマ」は、ギャル曽根に食べる前と食べた後にレントゲン撮影してもらい、医学的にギャル曽根の体のメカニズムを解説したのだ。

「金スマ」の新聞のラテ欄は、阿部さん自身が毎回こだわって書いていたのだが、そこには「希代の詐欺師か？」と書いてあった。バラエティーのテレビ欄ではなかなか見ない言葉だ。結果、番組は高視聴率を獲得し、ギャル曽根が希代の詐欺師ではないことが証明され、番組は大きな話題になった。

片岡飛鳥さんが「少年ジャンプ」なら、阿部龍二郎さんは「週刊文春」。そんな感じだ。

このお二人には番組作りだけではなく、僕自身の人生も大きく影響を受けた。

僕が25歳の時、突如、実家に1億円の借金があることが発覚した。父はスポーツ用品店をやっていたのだが、学校販売の受注がなくなって売り上げがかなり下がってしまっている状況で僕が大学に行くなど、色んな無理をしたことが原因だった。ある時、突然、銀行に呼ばれてそこで知らされたのが1億円の借金。銀行は半分で、あとは当時、商工ローンというものがあり、利子が年間40％近く。

僕は放送作家として、「スマスマ」や「めちゃイケ」に携わり、番組のオファーも沢山いただいていた時だったが、当時の貯金は700万円。とてもじゃないが、返せる金額ではない。銀行からは父の代わりに自己破産の手続きをしてもらえないかと言われた。

この時、僕は数日間仕事を休んだ。とてもじゃないが東京に戻ってバラエティー番組を作るメンタルでもない。そこで行きついた結論は、「母と祖母を連れて逃げるしかない！」。

当時はそこまで追い詰められていたのだ。

そんなときに、飛鳥さんから電話があった。会議を休んでいる僕を心配してくれたのだ。

僕は飛鳥さんに、この悲劇を全部話した。すると飛鳥さんは電話で言いました。「おさむに起きていることはおもしろいことだよ」と。自分の耳を疑った。「おもしろい⁉　どこが⁉　こんな人生の不幸が？」。そして飛鳥さんは、「次の会議で、自分の身に起きてることをみんなにおもしろく話してみなよ」と言った。

葛藤したが、それが最後になるかもと思い、会議に行った。会議はその日の朝4時くらいに終わった。すると飛鳥さんが「おさむからおもしろい話があります」ととんでもない振りをした。

そこから僕はその1週間の間に自分に起きたことを話した。まるで自分に起きたことじゃないかのように、辛かった話を明るく話した。すると、会議に参加している人たちが笑い始めたのだ。話し終わると、みんな「すごい経験だな」と笑いながら「頑張ってな」と言ってくれた。

「僕に起きていることは、おもしろいことなのかもしれない」

この経験から、僕は自分の人生を俯瞰で見る癖がついた。チャップリンは「人生は近くで見ると悲劇だが、遠くから見ると喜劇だ」という名言を残しているが、まさに、こうやって考える癖がついた。飛鳥さんのおかげです。

そして、TBSの阿部龍二郎さん。阿部龍二郎さんとは「金スマ」を始めとして沢山の番組でご一緒させていただいた。阿部さんは、バラエティー番組を作るうえで、「今、なぜこれをやるのか？」「視聴者が本当に見たいものは何なのか？」という目線を、ジャーナリズムと事件性を乗せながら考えていく。

阿部さんにとてつもなく感謝していることは、僕をタレント化してくれたことだ。2008年「キミハ・ブレイク」という番組で司会に抜擢していただき、これを1年経験したことにより、見える景色が変わった。

そして忘れられないのが、僕の妻、大島美幸さんとの間に授かった赤ちゃんが残念なことになってしまった時のことだ。

僕はそれをメディアで発表すれば、同じような経験をした多くの人達が励まされるのではないかと思った。そして、妻にはそういう芸人さんであってほしいと思っていた。阿部さんにそんなことを相談し、当時、僕も構成で入っていた黒柳徹子さんと安住紳一郎さんがメインの「ドリーム・プレス社」と「金スマ」の二つの番組で、大島さんのその経験を取り上げてもらうことになった。大島さんも阿部さんの番組だからと納得してくれた。

ただ、葛藤もあった。夫として大島さんのことを一番に考えなければいけないのに、「これで視聴率が悪かったら」と思ってしまう自分が嫌になる。

先に放送された「ドリーム・プレス社」の視聴率は想像していたより奮わずで、僕は大島さんにも阿部さんにも申し訳ない気持ちになった。その時に阿部さんが僕にただ一言言ったんです。「大丈夫です」と。いつもは視聴率ばかり気にしている阿部さんの、阿部さんらしくない言葉だった。僕の罪悪感もすべて理解してくれて、阿部さんが言ってくれた言葉はとても温かく優しかった。

結果、「金スマ」で放送した時には、視聴率は悪くなかった。それで安心している自分と、安心している自分が嫌いになる自分。大島さんは、ここで告白したことで、一区切りついた部分もあるだろうし、一芸人として、見え方が変わったと思う。夫婦としても阿部さんに変えてもらった部分はとても大きい。

そんなTBSの阿部さんとフジテレビの飛鳥さんとの間に大きなバトルが勃発した。生キャラメルをめぐっての戦争。

僕はお二人の間で板挟みになり、放送作家人生でもたった一度だけの経験をすることになったのだ。

TBSの阿部龍二郎さんと元フジテレビの片岡飛鳥さん。

二人のレジェンドによる戦争の勃発は、黒柳徹子さんが出演する「ドリーム・プレス社」が枠を移動することになったのがきっかけだった。出演者はそのままに、タイトルと枠が変わるというのは珍しいことではない。

チーフ作家だった僕も移動して新たな番組を作ることになったのだが、放送枠が問題だった。

新たな枠は、土曜日夜19時。20時からは、フジテレビで僕が作家を務める「めちゃイケ」が放送されている。

厳密に言えば、放送時間は被っていない。だけど、2時間SPとかになると被る可能性は大いにある。

僕はドキドキしながら飛鳥さんにそれを伝えた。答えは「NO」。飛鳥さんのルールを説明されました。僕も「そうなるだろうな」と思っていたし、阿部さんは「残念ですが仕方ないですね」と言った。僕が阿部さんの番組の作家を続けることはできなくなった。

神様のイタズラのようなことが起きたのは、このあとだ。

「めちゃイケ」では、ナインティナインさんと中居正広さんが3人で日本一周する人気企画が、数年に一度SP枠として放送されていた。そしてその担当作家は僕だった。

当時、北海道にある田中義剛さんの「花畑牧場」で作られた「生キャラメル」が大ブームになっていた。この時の「日本一周」企画では、実際に花畑牧場に行き生キャラメルにまつわる笑いを作ろうとしていた。飛鳥さんは徹底的に会議でシミュレーションをする。どういうことが起きたらおもしろいのか？　細部まで話し合い、最高の理想形を目指す。

この時、僕が外れることになったＴＢＳの番組でも、花畑牧場の企画をやることになっていたのだ。

ここからが運命のイタズラでした。たった一日しかない、めちゃイケのロケの候補日に、僕が外れたＴＢＳの番組でのロケが入っていたのだ。

めちゃイケの花畑牧場ロケは、丸一日かかるわけではない。なんとか調整してもらえないか牧場側に頼んだけれど、牧場は先にＴＢＳにスケジュールを渡しているため、どうすることも出来ない。

飛鳥さんは、花畑牧場での撮影に強くこだわっていた。そうなると、残る手段はあと一つ。ＴＢＳ側に直接交渉して、ＯＫをもらうしかない。

僕に白羽の矢が立ちました。阿部さんとの交渉役を、飛鳥さんに仰せつかったのだ。内心「マジか」と思った。だけど、阿部さんと直接話せるのは、確かに僕しかいない。しかも飛鳥さんは「もしＯＫしてくれたら、ＴＢＳの番組をやっていい」と言ったのだ。それを聞いて、「よし！」と思った。

月曜日だった。「金スマ」の会議の終わり、阿部さんに事の経緯を話した。花畑牧場のロケが被っており、時間を少し調整してもらえないかと。

そして最後に「ＯＫをもらえたら、新番組をやってもいいと言ってもらえました」と伝えた。

僕はこれでＯＫの返事をもらえるかと思っていたが、阿部さんのリアクションは違った。

阿部さんは目から小さな涙を流して「鈴木おさむをなんだと思っているんですかね……」と言ったのだ。僕にこのことを言わせていること。そして番組をやっていいという条件を僕に出していること。

阿部さんは、そんな僕に「悲しさ」を見たのだ。そして逆のスイッチが入り、ＯＫはもらえなかった。

僕は阿部さんの涙を見て、とてつもなく胸が痛くなった。

飛鳥さんにとって僕は、笑いのすべてを教えた生徒だけど、阿部さんにとっては、そうではない。

僕へのスタンスの違いが余計に状況を悪化させてしまったのだ。

僕はすぐに、飛鳥さんの下にいたプロデューサーに連絡を入れた。彼は、ＴＢＳに来て直接交渉しようとしたのだが、阿部さんは会うことをしなかった。

その夜に、「めちゃイケ」の会議があり、僕が飛鳥さんに交渉が決裂したことをつたえると、その場の空気が固まった。

飛鳥さんは言った。「みなさん、今日は花畑牧場に代わるおもしろい案が出るまで帰しません」と。

僕も他の作家さんもスタッフさんも必死にアイデアを出した。花畑牧場じゃなくても出来る笑いを考えて考えて、台本を直した。ようやく会議が終わった時には、朝の8時を過ぎていた。

その日はずっととてつもない緊張感の中にいた。自分の人生を大きく変えてくれた二人の間に入り、交渉するという任務をこなし、疲労は限界に達していた。

そして、家に帰ってからだ。飛鳥さんから1通のメールが届いた。自分の下にいたプロデューサーがTBSまで行ったこと。それで会ってもらえなかったこと。飛鳥さんの部下への愛からくる叫び声が僕にメールで届く。その思いを阿部さんに伝えてほしいと。

そのメールを見た後、僕は布団の上に倒れこんで、動けなくなった。フリーズしてしまったのだ。そんなことは人生初だった。妻には「もう無理だ」とだけ言った。

仕事を数日休んだ。妻だけには何が起きたかを説明した。その時に、自分の感情がコントロールできなくなり、手にしたものを妻に投げ付けてしまったこともあった。その時の妻の悲しそうな顔は、今でもはっきりと覚えている。

妻はその後、めちゃイケのスタッフととことん話し合ってくれた。僕は人生で初めて壊れかけた、いや、壊れたが、それをきっかけに、飛鳥さんにも少しずつ本音を話せるようになった。

ちなみに、僕が倒れている時、妻の怒りの矛先は飛鳥さんに向いてしまい、飛鳥さんが仕事をしているお台場のスタッフルームまで、ビートたけしのフライデー事件ばりに殴り込みに行こうとしていたそうだ。後でそんなことを知り、爆笑しながら妻に感謝した。

あれから14年の月日が経った。二人もあの時のことを思い出したら笑うはずだ。当時のテレビの現場は、生キャラメル1個で、魂を懸けてぶつかり合っていた。どちらも色違いの美学があり、譲れないものがある。

テレビはこんな人たちで作られていたんだからおもしろいに決まってる。

僕の中にはこの二人の血が色濃く流れている。テレビを作ってきた者として誇りだ。そして、当時はあんなに辛かったことが、今、俯瞰で見ると、喜劇に思えたりもしている。

第二章

こうしてヒット番組を作ってきた

ギリギリの勝負に挑む

予想を超えた「めちゃイケ」濱口ドッキリ

バラエティー番組の「ドッキリ企画」を、視聴者の皆さんはどう思いながら見ているのだろうか？

よく聞かれるのは「ドッキリって本当にやってるんですか？」という質問。そりゃ〜気になりますよね。ものによっては「これ、絶対知ってるだろ」と思うやつもある。

千葉の「東京ドイツ村」という場所は、大がかりなものも含め、比較的色々なドッキリをやらせてくれる。

とあるタレントさんは「こないだ、スケジュール見たら、場所が東京ドイツ村でした。その時点で『あぁ』となり、マネージャーには何も聞かずにドイツ村に行ったら、ドッキリでした」と言っていた。でも、これってやらせじゃない。あうんの呼吸だと思うのだ。タレントさんはマネージャーにそれ以上詳しく聞かないし、マネージャーも聞いてほしくない。番組のディレクターが「リアクションしてくださいね〜」と言うわけでもない。何より、ドッキリを掛けられたときのリアクションは本物だし。

ある意味、共同作業だと思うわけである。そういうドッキリもあっていい。

そして、ドッキリというのは人を選ぶ。かかりやすい人というのがいて、そういう人を番組なりに見抜くことが大切な作業になる。「ロンドンハーツ」の狩野英孝さんなんかは分かりやすいドッキリスターだ。ドッキリにかかるのにも「才能」が必要なのだ。

僕も数々の番組でドッキリを仕掛けてきたが、フジテレビ「めちゃ×2イケてるッ！」では、よゐこの濱口優さんをドッキリに掛ける企画が数年に一度行われていた。他の番組では絶対に行われることのない壮大なドッキリだった。濱口さんも本当にピュアで、何度ドッキリにかかってもリセットされる才能を持っていた。

僕は濱口さんとプライベートでも仲が良かったので、濱口ドッキリはほぼ毎回僕の担当になった。

ドッキリのポイントは「どこまでギリギリを攻めるか」だと思う。バレるか？　バレないか？　ターゲットの性格を熟知して、ギリギリを攻めるところにおもしろさがあるのだ。

濱口ドッキリの担当ディレクターはフジテレビの戸渡和孝さんという方だった。濱口ドッキリが始まると、毎回、戸渡さんと分科会を何時間も重ねた。

濱口ドッキリで、一番の名作は「史上最長180日だまし　濱口大学合格への道」という企画だと思う。

濱口さんは、学力テストを受ける「めちゃイケ」の人気企画で、毎回ぶっちぎりの最下位。とんでもない「バカ解答」を連発し、日本中からおもしろいバカと脚光を浴びていた。そんな濱口さんに仕掛けたドッキリが「濱口大学受験」だが、これはただの大学受験ではない。実際にはない大学を受験させるというドッキリなのだ。普通だったら実在しない大学を受けるなんてドッキリには引っかからないが、そこにはかなり細かい仕掛けがあるのだ。

まず、濱口さんに「めちゃイケの出演者みんなが濱口さんのことをバカだと思ってるじゃないですか。それなのに、全力で半年間勉強して大学受かったら、みんなめちゃくちゃ驚くと思いませんか？」と伝えた。すると濱口さんは笑顔になり「そやな！それ驚くな！」と乗ってきたのだ。言わば濱口さんからみんなにドッキリを仕掛けるという逆の設定にしたのである。

勉強嫌いな濱口さんにやる気を出させるためにいくつかの仕掛けを考える。濱口さんはドラマ「あすなろ白書」が好きだったので、「あすなろ白書」に出てくる「青教学院大学」にあわせて、架空の予備校の名前を「青教学院」とした。正直、あんまり放送には関係ない部分だが、こういう部分が大事。さらに、ミス青山の女性に家庭教師になってもらい、このおかげでかなり勉強に励んでくれた。

そして半年近く勉強し、志望校である青山学院大学理工学部を受験。予想通り、散々な結果になった。もちろんこの結果になることも分かって受験させたのだ。

ガッカリする濱口さんに、ディレクターが、その時点で受験できる大学を提示し、片っ端から受けようということになる。

その中の1校に、入れているのだ、実際には存在しない大学を。名前を「桐堂大学」と言う。

最初に僕が提案した名前は「桐土大学(きりど)」だった。なぜなら、「きりど」を何度か連呼すると「きりど、きりど、きりどきりどきり」と「ドッキリ」になるから。

これは会議で議論になった。番組の監督であるフジテレビの片岡飛鳥さんは「さすがに濱口でもバレるだろ」と却下しようとしたが、戸渡さんと僕は「バレないです。大丈夫です」と言った。

大人が集まって、「桐土でいきたい!」「駄目だ、それはバレる!」と真剣に夜中に議論するのである。最終的に「桐土」ではなく「桐堂(きりどう)だったらいい」という落とし所になった。

大学の名前が決まったら、受験の時や、合格して入学式に行った時にどんなことが起きたらおもしろいか、番組に参加している放送作家さん全員からアイデアを貫い詰め込んでいく。試験中にカンニングさせてくれる生徒が出てきたり、単位を与えるために先生が学生に餅撒きをしていたり。入学式の看板に「人学式」という誤字があったら濱口さんは気付くか？　なんて細かいものから、入学式でなぜか全員でラジオ体操するというありえないことまで。１００個以上出てきたアイデアから戸渡さんが「おもしろくてギリギリバレなそう」「おもしろいけどバレそう」を精査して詰め込んだ。

濱口さんは、何も気付かずに受験し、受かったと思ってテンションが上がる。この大学は栃木県という設定だったので、濱口さんを本気にさせるために、住民票を栃木県に移すということまでやっていた。

そして4月1日の入学式。

エイプリルフールの日に、全てをバラす。

濱口さんの最初の一言は「長い‼」。

そうだ。長いのだ。１８０日もの間、ずっとやり続けるわけだから。

ちなみに、濱口さんは入学式で校歌を歌い、「きりど♪きりど♪きりど♪きりど♪」

と連呼していましたが、まったく気付かず。ギリギリの勝負に挑んだからこそ、おもしろい画が撮影出来るわけだ。

このドッキリは、今までのテレビドッキリの歴史を塗り替えるような物語性でかなりの評判となった。

全ては濱口さんだからこそ成立したドッキリである。

「濱口ドッキリ」は2年に1回くらいのペースで進んでいくのだが、あるドッキリの時に、僕の目の前で全てがバレて駄目になりそうな事件が起きた。

「濱口大学受験」から1年後。濱口さんがめちゃイケのとある企画で、いとも簡単に賞金100万円をゲットしてしまった為、その100万円を「おもしろく取り返そう」とあるドッキリ企画がスタートした。その頃、濱口さんはテレビ朝日「いきなり！黄金伝説。」での「1ヶ月1万円生活」に出演し人気が上がっていた。僕は「黄金伝説」の構成もやっていたのだが、古くからの付き合いである濱口さんが、海に潜って魚を捕り発する「とったどー！」という言葉を子供たちがマネするようになっていたのはとても嬉しいことだった。

そんな濱口さんから100万円を取り返すドッキリを、濱口ドッキリ担当の戸渡和孝さんと会議を重ねて作った。まず「黄金伝説」の収録終わりの濱口さんのところにナインティナインが出てきて、めちゃイケの企画が伝えられる。それは「1ヶ月1万円生活」に対抗して「1日100万円生活」という企画。

1カ月で1万円を使う企画に挑戦することの多い濱口さんを労い、1日で番組のお金100万円を自由に使ってもらおうというものだった。事前に濱口さんにアンケートを行い、濱口さんが興味のありそうなものを番組の力を使って買いに行くというのが表の企画。

この100万円は番組プロデューサーが、濱口さんの所属事務所から前借りした濱口さんの当番組のギャラだった。つまり濱口さんは自分のお金を使うことになるのだ。それが「おもしろく取り返す方法」。

限定品好きな濱口さんが、訪れたショップでテンションが上がって買った物が、実はメンバーの不要品。レアなMａｃのパソコンは、極楽とんぼの加藤浩次さんが使い倒して、電源が入りにくくなったものだったのだが、濱口さんは気付かずに買っていく。

そして、訪れたオークション。濱口さんは完全に信じ切り商品を買う。

48品しかないエアマックスの限定品というのが、実はナイナイ矢部浩之さんの履き古したエアマックス。濱口さんはオークションで競り落とす。このオークションで濱口さんは、ルノワールが愛用したイスと新撰組・近藤勇のデスマスクを競り落としてご機嫌だった。

ルノワールのイスは武田真治さんが中学生時代に作った手作りのイス。近藤勇のデスマスクは、オアシズ光浦靖子さんが、「笑っていいとも!」で使用した顔型だったのだが、まったく気付かない。

そして極めつけは、その日の夜、番組のスタッフが濱口さんをとあるパブに連れて行った。濱口さんは撮影していると思っていない。そこは「ブリーフパブ」と言って女性がブリーフを穿いているというパブ。もちろん実在しない。当時、「ノーパンしゃぶしゃぶ」という店員さんがノーパンで接客するしゃぶしゃぶ屋がメディアでも話題になっていた。濱口さんが信じたらおもしろそうなギリギリの店を会議で考えた結果、ブリーフパブのアイデアが出た。

この店は、店員さんが穿いていたブリーフを帰りに購入できるというくだらなすぎるオプションがあった。

濱口さん、ブリーフパブで十分に楽しんで、帰りについついブリーフを買ってしまったのだ。ここにも仕掛けがあり、このブリーフ、実はナイナイの岡村隆史さんが3日間穿いていたというものだった。

濱口さんはその店で残りの金額全部を使い、1日で100万円を使いきった。

数週間後、濱口さんにドッキリであることをネタばらしする……予定だったのだが、問題が発生した。

僕はよゐこのお笑いライブの構成もやっていた。ドッキリ収録の数日後の夜、ライブの打ち合わせを終えて、濱口さんと二人でご飯に行くことになった。濱口さんの運転する車に乗っていると濱口さんは興奮気味に「あのな、こないだ、めちゃくちゃすごいもの買うてな。俺な、近藤勇のデスマスク、手に入れてん!」と自慢げに言ったのだ。僕は思いきり横を向いた。近藤勇のデスマスクを本気で信じきっていることに、耐えきれず、笑いそうになりながら心の中で言った。「濱口さん、そんなものないですよ! あれは光浦さんの顔なんですよ!」と。

そこまではまだ良かった。濱口さんはそのあとに「今日、飯食ったあとに行きたいところあんねん」と言ったので、僕が「どこですか?」と聞くと「こないだな、ブリーフパブって店行ってな。あそこめっちゃおもろいねん」と。

僕は心臓が急にバクバクし始めた。だってブリーフパブなんて存在しないから。濱口さんがその店に行ったら、店が存在しないことに気づき、ドッキリだとバレてしまう。

これはまずい!

ご飯屋さんでトイレに行くフリをして、戸渡さんに電話した。「戸渡さん、やばいです。濱口さんがこのあと、僕を連れてブリーフパブに行こうとしてます」

戸渡さんは「え？　そんなことある？　やばい！　すぐに手を打つから、おさむさん、なるべく今の飯屋で長引かせて」と言った。

濱口さんはブリーフパブに気持ちが向いていたと思うが、僕は牛歩戦術並みのゆっくりご飯で時間を稼ぐ。

もう時間を稼ぐのも限界かもとなった時に、濱口さんにマネージャーから電話が来た。濱口さんは「マジで？」と言っている。僕が「どうしました？」と聞くと「今、マネージャーのところに、こないだブリーフパブ一緒に行ったディレクターから電話来てな。あの店が違法営業で警察に摘発されたから行かないようにって連絡くれたんやって」と残念そうに言った。このおかげで、ネタばらしの日までバレることはなかった。

ほんの数十分の間に、戸渡さんが考えてマネージャーに電話し、ピンチを逃れたのだ。

実は僕が戸渡さんに電話したときに、戸渡さんはなんかワクワクしてるような気がした。

僕もそうだった。

こうやって作り手の予想を超える行動をしてくれるからこそ、次はまたその上を行く企画を考えたくなる。そういう人が、結果、テレビに愛される人なのだと思う。

想像のつかないことをおもしろがる

異例の投資企画「¥マネーの虎」

32年の放送作家人生で、企画書を見て一番ワクワクしたのは何かと聞かれたら、2001年に始まった「¥マネーの虎」になるだろう。

日本テレビの栗原甚さんと放送作家の堀江利幸さんが二人で考えたこの企画。一般人の起業家が、自分自身も激しい人生を生き抜いてきた「虎」と呼ばれる社長たちに事業計画をプレゼンテーションし、成立すれば、社長はすぐに目の前で自分の持ってきた札束、何百万円もの現金を渡していくというもので、それまでのテレビ界には存在しなかった「投資バラエティー」企画だった。

僕は栗原さんから誘われて構成に入った。企画書を見た時に、「なんだ、これ？」と思いながら、かなりワクワクしたことを覚えている。

当時、「電波少年」を大ヒットさせていた土屋敏男さんだったが、局内のサプライズ人事で、編成部長という役職に抜擢。過激で新しい企画で日本中を驚かせていた「電波少年」の土屋さんが、編成という「番組を始めたり終わらせたりすることを決める重要なポジション」につくのは話題になった。

当時、日本テレビは、5年間社内での企画募集を行ってなかったらしい。なぜなら、新たな企画を作らなくてもいいくらい番組が当たっていたから。

だが、これに不安を覚える人も当然いて、土屋さんの任務は日本テレビのこれからのスターディレクターを作り出すことだった。

企画募集をしたところ、集まったのはなんと700本。その中から、栗原さんの出した「¥マネーの虎」が見事通ったのだ。

もともとは、栗原さんが企画を立てているときに、堀江さんが「大金を人にあげている画が見たい」と言い出したのが発想のきっかけだったそうだ。そりゃ大金を人にあげている瞬間は見たい。

当時、クイズ番組の最高賞金は200万円というルールがあった。それ以上の金額をあげることは出来ない。

そこで二人が色々考えて、賞金としてではなく、「投資」としてなら、200万円以上のお金をあげられるんじゃないかとひらめいた。お金をあげるための抜け道が投資だったのだ。

今とは違って「投資」という言葉は一般的ではなかったが、栗原さんは「エンジェル投資」なんて言葉を耳にしていたので、投資の企画にした。

しかも、日本テレビが出す金額だと限界があるので、第三者が投資する企画にしたら成立するんじゃないかと考え企画書にまとめて出したのだ。

700本の企画の中からまず20本ほどに絞られて、土屋さんたちが、その企画書を出した栗原さんと面接をして細かいことを聞いていく。

土屋さんは「正直、企画書を読んでも想像が付かない。だからおもしろい！」と言ったそうだ。「電波少年」を成功させてきた土屋さんじゃないとありえないチョイス。

他の人たちは「そもそも投資してくれる人が見つからないでしょ」と言ったそうだが、土屋さんが、「1カ月半で投資する人を見つけてこれたら、番組を始めよう。見つからなかったらなしにする」と決めた。

栗原さんは翌日から動き出す。まず、超有名企業に電話しまくり、企画書を送り、社長に投資家として出てもらえないかと頼むが、断られまくる。そのあと、中小企業の社長にも頼みまくるが全て断られる。

断られた数は300社を超えた。栗原さんは完全に「頭がおかしい人」だと思われていたと思うと言った。

そりゃそうだ。ただの出演ではない。番組に出演し、自分のお金を何十万、何百万とあげていくのだから。会社としても「なんのメリットがあるんですか？」と考えるのが普通だ。

今は若者に投資するのが当たり前の時代だが、当時はそんな空気ではない。

約束の1カ月半がどんどん近づいてくる。栗原さんは諦めなかった。

これまでのように、大企業、中小企業に当たっても、その企画書が社長の目に届く前に断られてしまうだろうと、作戦を変えた。社長一人で決断できる会社に当たっていこうと。

そして、「過去に失敗した経験があって、自分も誰かに投資されたり人のお金で助けられた経験がある社長なら、話を聞いて企画に乗ってくれるんじゃないか」と考えた。そんな社長をどうやって探すのか？　栗原さんはビジネス書を読みまくり、そんな社長を探しまくった。その中で「この人の人生はおもしろい！」と白羽の矢を立てたのが、リサイクルショップチェーンの株式会社生活創庫の創業者で代表取締役社長の堀之内九一郎さんだった。

全てを失いホームレス生活をしている中で、捨てられた家電を修理し、仲間に売ってお金を稼いだことがきっかけで、「ゴミが金になる」と気づき、リサイクルショップを開店し、大成功させた堀之内さん。

栗原さんが企画書を会社に送ると、堀之内さんに会うことが出来た。栗原さんが企画を説明すると、出演を快諾してくれたのだ。

栗原さんの狙いは見事にハマり、ようやく投資する人を獲得することが出来た。堀之内さんが決まると、高橋がなりさん、加藤和也さんと、続々とこの企画をおもしろがってくれる社長が決まっていき、番組をスタートすることが出来たのだ。

吉田栄作が進行を務め、出資を勝ち取りたい志願者が、「虎」と呼ばれる社長たちにプレゼンする。

堀之内さんを始めとする社長たちは、おもしろい志願者がいると、本当に現金を渡していく。

それまでテレビで見たことのない大金が投資という名のもと、渡されていく。

番組は深夜のスタートながら、話題になってヒットした。この番組が「投資」というものを世の中に浸透させたと思う。

あれから20年以上経つが「マネーの虎」は世界の様々な国で番組化されている。日本でもYouTubeでマネーの虎をもとにした番組が作られている。「マネーの虎」が世に残したものは本当に大きい。

この企画を実行に移そうとした栗原さんももちろん凄いのだが、「想像が付かないからおもしろい」と企画を通した土屋さんのジャッジも凄い。

実は、おもしろいものを考える人は沢山いる。だけど、若者が思いついた「おもしろいもの」を実現させるためにハンコを押す人が大事だなと本当に思う。

世の中のおもしろいものは、ハンコを押す人たちに却下されてしまうことが多いのだ。

だから、「おもしろいことを考える若者」とそのときの「ハンコを押す大人」のマッチングがうまくいったときに、「おもしろいもの」は世に羽ばたく。

「想像が付かないからおもしろい」と言いながらハンコを押す大人たちが増えることが、テレビの未来にとって一番大切なのかもしれない。

思い切って番組を変える

ゴールデン昇格後のピンチを乗り越えた「Qさま!!」

2004年に始まったテレビ朝日「クイズプレゼンバラエティーQさま!!」。この番組が始まった時、僕は32歳。企画の発想はここから30代後半までが一番キレていたかもしれない。

クイズというパッケージはあるが、とにかく芸人さんに様々な形で体を張ってもらう番組だった。木曜23時台で始まり、高視聴率を記録した。

番組に火が付いたのは「チキンNo.1決定戦」という、芸人が様々な度胸試しに挑戦する企画で、特に「10m高飛び込み」は人気となった。

芸人さんが目隠しをされ、とある場所に移動する。目隠しを取ると、そこは10mの高飛び込み台の上。飛び込もうとするが、高さにひるんでなかなか飛び込めない。その飛び込むまでの時間を競うものだった。最後に何とかして飛び込むという「絶対に見たい映像」があるので、とても分かりやすかった。

この企画は僕がたまたまテレビで飛び込みの選手のドキュメンタリーを見て、「これ、企画に出来るんじゃない？」と思って会議で提案したところ、すぐに実行された。

動物接写シリーズも人気だった。囲いの中にいるイノシシになるべく近づいて写真を撮影するという企画が最初だった。これもテレビでたまたまイノシシのドキュメンタリーをやっていて、「ここに行けば撮影できるんじゃない？」と思ってすぐに企画にした。

とにかく、この頃、僕はその瞬間の映像の強さにこだわった。

ドッキリも様々なものを仕掛けた。芸人さんが営業に呼ばれて行くと、そこは暴力団の忘年会だったというドッキリ。もちろん仕込みで、全員エキストラの役者さんだ。暴力団の宴会という極限状態でネタをやらなければならないという映像のパンチ力が半端ない。

こうやって書いてみると今は出来ないものばかりだが、中には僕が「Qさま‼」で発案したもので、今でも他の番組で見かけるものがある。

たとえば、芸人の解散ドッキリ。

コンビの芸人のどちらかが解散したいと申し出て、相方がどんな反応をするか見るドッキリだ。

「Qさま!!」ではまず、南海キャンディーズでやった。女優業も波に乗り出したしずちゃんが、山ちゃんに解散したいと言い出す。結果、この企画はコンビ愛を見るものになり、感動する企画となった。

中でもタカアンドトシは、トシが解散を切り出して、タカが泣き出すという熱いものになった。

そして、個人的に一番気に入っているのが、アイドルのやらせドッキリだ。

グラビアアイドルの水泳大会で、参加者全員が裏でマネージャーに「いろんな政治があるから、絶対、1位にならないでね」と言われる。

その状況の中で平泳ぎ競争が始まるとどうなるのか？　という実験。これは昔、アイドルの運動会で、当時人気の男性アイドルを抜いて1位になった芸人が怒られたという話を聞いたことがあり、それをドッキリに出来ないかと考えた。

グラビアアイドルたちは、みんな自分が1位にならないようにめちゃくちゃゆっくり泳ぐ。ゴール直前になると、みんなが平泳ぎで進まないという奇跡の状況が起きて、とてつもなくおもしろい映像になった。

解散ドッキリも、アイドルのやらせドッキリも、たまに僕が関わってない番組で進化した形で放送されているのを見ると、嬉しくなる。

そんな攻めすぎた企画を連発していた「Qさま!!」は、月曜日のゴールデンタイムに昇格することになる。

よく、一般の方に「なんで、深夜でおもしろい番組をすぐにゴールデンにするんですか？」と聞かれるが、深夜帯で長いことやらせてもらえるなら僕だってありがたい。だけど、ゴールデンでもヒットすれば、より多くの人に見てもらえる超人気番組となるのだから、その夢を見るのだ。

ゴールデンに昇格した「Qさま!!」は、最初は深夜時代と変わらない企画をやっていたが、視聴率が落ち始める。色々もがいてみたのだが、下げが止まらない。このままだとまずいと考えたプロデューサーの平城隆司さんは、僕と、演出の奥川晃弘さんに指示を出した。「思いきって番組を変えるしか生き残る道はない」と。当時はフジテレビ「クイズ！ヘキサゴンII」などの番組が流行り始めていたので、本当のクイズ企画を考えようということになった。

僕は1週間考えて、なかなかいいアイデアが思いつかなかったのだが、会議室に入る前にふと頭に降りてきた企画があった。

当時、クイズ番組は一問一答が当たり前だったのだが、僕はそれが耐えられなかった。その問題に興味がなかった時に、答えが出るまで耐えられないのだ。だから、沢山の問題が常に画面に出ている番組は作れないのかと考えた。非常にテレビゲーム的な考え方だ。

例えば、難読漢字が10個出ている。解答者は10人1チームとなり、一人目から自分が解ける問題を指してそれを答えていく。

これだったら、その問題の答えがすぐに分かった視聴者は、画面の中の他の問題を見て考えることが出来る。

画面から目が離せない、新しいクイズになる。会議室に入る前に、ふと、多くの問題が並んでいるテレビ画面が頭に浮かんできたのだ。

その企画と頭に浮かんだ画面を説明すると、平城さんが「やってみよう」と指示を出し、奥川さんは、1週間でそれを作り上げ、「プレッシャーSTUDY」という、沢山の問題が最初に画面に出ているクイズが出来た。

この頃、おバカタレントブームが起きていたので、このクイズもおバカタレントに出てもらっていた。

最初は全然視聴率が上がらなかったのだが、出演者の伊集院光さんが、「家で奥さんが、頭のいい人でやった方がいいんじゃないか？　と言ってた」とスタッフに伝えたことで、インテリを集めてやってみたら、見事視聴率は上がっていった。

ゴールデンに行っていきなりピンチを迎えた「Qさま!!」だったが、あの時、思い切ってクイズ番組に切り替えてから、15年以上が経つ。

今となっては、クイズ番組で最初から沢山の問題が画面に出ているのは当たり前となった。

あらためて当時の自分のキレ具合を褒めてあげたいが、なにより、あの時、粘った奥川さん始めスタッフはすごいと思う。

番組を長くおもしろく続けることは難しいことだ。日本テレビの「1億人の大質問!?笑ってコラえて!」なんて本当にすごいと思う。

終わらせるのは簡単。長く続けることが一番難しい。ずっと続いている番組の裏で流れるスタッフの汗に、少しでも気づいてもらえると、テレビを作っている人たちは、きっとすごくうれしい。こんな時代だからこそ。

嫌なところも見せる

企業の商品を酷評した「お願い！ランキング」

人のことを褒めすぎる人は信用ならない。ちゃんと駄目な部分を言ってくれる人の方が信用出来る。だが、駄目な部分を言う勇気なんてなかなかない。自分よりも偉い存在である人に対して、それを行うのはかなりの高難度。

テレビにとって「偉い存在」に当たるのは誰だろう。リアルに言うと、それはスポンサーをしてくれている「企業」となる。有名な企業の駄目なところを言うなんて、テレビ番組ではありえなかった。だが、それをエンタメにしようと挑戦した番組が、2009年に始まったテレビ朝日の深夜の帯番組「お願い！ランキング」である。この番組の始まりには沢山の「無理」が詰まっていた。

テレビ朝日の奥川晃弘さんは僕と同じ年、1972年生まれということもあり、「クイズプレゼンバラエティーQさま!!」を始め、一緒に沢山の番組を作ってヒットさせてきた。

　奥川さんは東大出身で口数はとても少ないが、みんなが気づかないその企画の弱点を突き、修正し、おもしろい企画に練り直すことが出来る。最初の時点で弱点を突くというのは出来そうで出来ない。

　そんな奥川さんと、２００８年、テレビ朝日の上層部の方に会議室に呼ばれた。当時、テレビ朝日は、予算を削減しなければいけない時期で、深夜番組に手を付けることになった。その頃、テレビ朝日の24時台はかなりのヒット番組があったのだが、月曜日から金曜日までの番組を10個近く終わらせて、そこに1時間の帯番組を作るという極秘のプロジェクトが告げられたのだ。

　深夜に1時間の帯番組を作るということだけ言われたら、作り手としてワクワクしかないのだが、予算が理由で終わるわけだ。新しく始まる帯番組は1時間だけど、かなり予算が少ない。それまでの半分ほどの予算。まず、これだけで無理。

　ここにさらに無理なのが「有名なタレントを使ってはならない！」ということだった。その前に放送していた番組には、吉本やジャニーズ、その他、有名なプロダクションの人気タレントが多数出ていた。事務所には、「みんな終わります！　その後は、タレントを出しません」と言うしか説明がつかない。

理由は分かる。だけど、毎日1時間やる番組で、タレントが出られないって、どういうこと？

上層部の方には、さらに「おもしろい番組を作りたい」と言われた。予算もタレントも引き算なのに、それに加えて「おもしろいもの」って、無理のかけ算＝無理！と思った。

そこをなんとかしようよと言われて、奥川さんと考える。タレントなしで毎日1時間、色んな企画を考えるのには「背骨」が必要だ。まず、単純だが、「とにかく、色んなランキングを作る番組を作れないか？」という提案をした。出来れば、深夜だからこそ、あまり見たことのないランキングを作る番組。

この無理な条件だらけの中、上層部の人に一つ言われたことがあった。「スポンサーのこととか気にしないで企画を考えてみて」と。

僕はその頃、ずっとやりたいけど、テレビじゃ無理だろうなと思っていた企画があった。「家電批評」という雑誌があり、まさしく家電を批評しているのだ。良いところを紹介するだけでなく、駄目なところをとことん酷評している。当然、メーカーに確認などしてないと思う。だけど、僕はあの雑誌でちゃんと酷評もするからこそ、褒めている部分を信用出来ると感じていた。

これと同じように、コンビニなどで買えるものやファストフード、チェーン店の食べ物など、誰もが安く食べることが出来る物を、「美食家」に「批評」してもらう企画が出来ないかと考えた。

そして企画したのが「美食アカデミー」だ。毎回、一つの企業の商品を、美食家が食べてランキングにするというもの。

この企画の新しいところは、それまでのテレビ番組だったら10品食べて上位3つとか、良いところだけを紹介していたのだが、最下位までちゃんと発表する点だ。つまりは、スポンサーもしてくれる企業の商品をテレビで「酷評」することになるかもしれないのだ。今までだったらありえない。

だけど僕は最初から、「酷評」を見せるからこそ、褒めたときに、視聴者は「信用する」のだと力説した。

まずシミュレーション番組を作って放送することになった。

スタッフが一社一社に電話して、この企画に参加してくれるように、まさに「お願い」をするのだが、正直、どこもやってくれなかった。そりゃそうだ。自社の商品がテレビで「酷評」されて喜ぶ企業なんかない。

が、いたのだ。最初にこの企画にやってもいいと言ってくれた企業。それが肉まんの「井村屋」さんだった。

なぜノってくれたのかは未だに謎だが、やってくれた。多分だが、そんなに酷評されることはないと思ったのだろう。

収録が始まる。企業の人たちも現場にいる。

数個目の商品を食べたとき。スタジオに戦慄が走る。審査員の来栖けいさんがその商品に10点満点中1点を付けたのだ。

スタジオが凍った。来栖けいさん!! 分かるけど、空気読んでくれよ! と叫びそうになる。

確かに求めていた酷評である。でも、問題は、それまでに「褒めている」商品があまりなかったことだった。

やばい! まずい! 終わった! 美食家に身近にある安い商品を食べてもらうなんて無理なんだと思っていたら……。

その後に出てきた商品をまさかの大絶賛。

空気を読んだわけではないことが感想でわかる。酷評のあとの絶賛に、スタジオが沸き立つ。井村屋のスタッフさんもめちゃくちゃ喜んでくれる。そこには「リアル」があった。

そして、そのリアリティーは視聴者に伝わった。

番組が始まると、企画に参加してくれる企業はどんどん増えていった。つまり、酷評されても、そのあとの絶賛で、商品が売れたということなのだろう。

嫌なところも見せるから良い部分を信じる。両方見せるからこそリアリティーがあり、それは伝わる。

テレビで伝えていることがリアルじゃないと思われている時代。悪い部分を見せるからこそ、テレビは信用され、おもしろくなる気がする。

作り手の責任
「ほこ×たて」のやらせ事件から考えること

これまで作ってきた中で好きな番組を3つ挙げろと言われたら入るのが、フジテレビで放送されていた「ほこ×たて」だろう。

相反する「絶対に〇〇なもの」同士を戦わせてはっきり決着をつけようという番組で、最初は深夜番組でスタートして、２０１１年1月から23時台のレギュラー番組になり、それから9カ月後には日曜19時のゴールデンタイムでの放送になった。かなり速いスピードだった。

僕はこの番組にチーフ作家として入った。プロデューサーから最初に数枚の企画書を見せてもらった時に「ほこ×たて」と仮でタイトルが入っていて、その企画書にはすでに、のちの人気企画となる「絶対に穴の開かない金属vsどんな金属にも穴を開けられるドリル」の対決が書いてあった。書いてはあったが、やってくれる業者が見つかっていたわけではない。

僕はその企画書を見て「そりゃ出来たらおもしろい」と思ったし、「これやってくれる人いるの?」とも思った。

だけど、「作りたい」と思った。

この本を書くためにこれまで作ってきた番組のスタッフに取材をして分かったことは、「本当に出来るかわからない」ものと「想像が出来ないもの」の方が、爆発力があるということだ。

金属vsドリルの対決は、時間無制限の1本勝負で、ドリルが貫通して穴が開けばドリルの勝利となり、ドリルが折れたり、安全装置が作動した時点で穴が開かなければ金属の勝利となるというもの。

勝てばその力を証明できるが、負けるとマイナスパフォーマンスになる可能性もある。

スタッフが粘って粘って探して、対決をしてくれる業者が見つかった。

深夜の放送ながら、特番で放送されたこの番組は話題となり、結果レギュラー番組となって、ヒットした。

様々な対決をマッチメイクして放送したが、この番組の会議では「そんなの無理だろ」という勝負をみんなが提案しなければいけなかった。想像のつくものではおもしろくないからだ。見たことのない対決をみんなが考える。

そして、様々な名対決が生まれた。

どんな人間でも感知する防犯カメラvs一見、止まっているとしか思えないほど体を遅く動かし続けるパフォーマー。

絶対に見破ることが出来ないリンゴの食品サンプルを作る職人vs絶対に本物のリンゴを見分けることが出来るリンゴ生産者。

絶対に見破ることが出来ないヌーブラvs絶対にニセモノの胸を見抜くことが出来る豊胸外科医。

釜で炊いたご飯を完全再現した炊飯器vs釜で炊いたご飯を絶対に見極められる職人。

京急職員vs京急の電車マニア、ＪＡＬ機長&客室乗務員vsＪＡＬマニアなどの社員vsマニア対決は、情報性も高く、僕も好きだった。

番組は高視聴率を獲得し、期待値もどんどん上がっていった。

だが、事件が起きた。

２０１３年10月に放送された対決「スナイパー軍団vsラジコン軍団」において、放送された対決は編集によって捏造されたもの、つまり「やらせ」であると告発された。

これをきっかけに、過去の対決でも「やらせ」があったことが発覚する。「どんな獲物も捕まえる鷹vsラジコンカー」の収録の際に、鷹が追いかけるようにラジコンをゆっくり走らせてほしいという要求がされていたり、「どんな獲物も捕まえる猿軍団vsラジコンカー」の対決では、猿の首を釣り糸で繋いで引っ張ることで、ラジコンカーを追いかけているように見せる細工をしていたことがわかったのだ。

このやらせの事件はニュースでも大きく報道され、番組は打ち切りとなった。

責任逃れをしたくて書くわけではないが、僕はこのやらせについて知らなかった。ただ、会議でVTRを見て、あまりにおもしろい展開になりすぎている時に、「これ、やらせじゃないだろうな〜」と言って笑っていたことがある。

あの頃、僕はたまたま雑誌「週刊SPA!」で「名刺ゲーム」という小説を毎週連載していた。

テレビの人気プロデューサーに恨みを持つ人たちの物語で、その中でテレビ番組のやらせの話が出てくるのだが、このやらせのエピソードが丁度、番組のやらせ事件が問題化している時と被ってしまい、まるで僕が告発しているかのようになってしまった。本当に偶然だったのだが。

僕は、あの時、他局に会議に行くと「本当に知らなくてさ〜」と自ら発言し、身を守った。

自分は関係ないのだということをアピールしたかったのだ。

今、思うと作り手として最低だった。

自分に責任はないと思い込んでいたし、責任がないように見せようとしていた。でも、自分の責任は大きいと思う。

番組が進んでいく中で、さらにおもしろい戦いを求める。チーフ作家の僕も、「もっとおもしろい戦い」を求める発言を会議で沢山していたし、その僕の発言によってプレッシャーを感じて、「おもしろいものを撮影してこなきゃ」と感じた人もいるだろう。

テレビでのやらせが起こる時、最初から「やらせをしよう」と思っている人はいないと思う。現場のディレクターは、もっとおもしろい番組にするため、もっといい視聴率を取るためのプレッシャーで、なんとかしなければと思って、そして、「これは演出だ」と思って、やってしまうのだと思う。

僕のような立場の人間の無責任な発言が人を追い込んでいたのだ。

若手の作家ならまだしも、僕は経験も積んで、チーフ作家という立場だった。だからこそ責任は重い。

「ほこ×たて」の司会をしていたタカアンドトシのタカとプライベートでも仲良くしているが、あの事件の後、タカと会ったら、顔色が悪くげっそりしていた。タカトシは何も悪くないが、「やらせ事件」のニュースが出る時に、司会であるタカトシの写真が出ることも多かった。精神的にも大きなダメージを与えてしまった。

おもしろいものを作るには、熱意と根性が必要だ。だが、上に立つものがそれを求めすぎる結果、やらせや事故が起きることがある。

僕は放送作家を辞めるが、これは放送業界に限ったことではない。あの時、傷ついた人たちへの思いを心に刻み、忘れないようにしなければと思う。

ネガティブを逆手に
"ジャニーズ"をフリにした「キスマイBUSAIKU!?」

2013年4月から2023年9月まで、10年以上放送されていたフジテレビ「キスマイBUSAIKU!?」という番組。Kis-My-Ft2の冠番組で、メイン企画は「キスマイBUSAIKUランキング」だ。

キスマイメンバーがテーマにそって、自分がカッコイイと思う瞬間を、自分で考えて演じる。それをVTRにして、「キスマイのファンではない一般女性」に見せて審査していただく。

厳しい審査コメントもつけて、スタジオではランキング付けして見せていくコーナーだ。

ランキング下位の人は「ブサイク」とされる。

この番組を考えた時に、彼らのマネジメントをしていたのはSMAPのマネジメントもしていた飯島三智さんだった。

やるなら今までにない番組を作りたい、という思いが飯島さんにあった。

SMAPが「SMAP×SMAP」をやってから、男性アイドルが冠バラエティー番組をやるのが当たり前になった。

TOKIOは「ザ！鉄腕！DASH!!」を、V6は「学校へ行こう！」を、KinKi Kidsは「LOVE LOVE あいしてる」を、嵐は「VS嵐」と「嵐にしやがれ」をヒットさせていた。

SMAPはスタジオバラエティー、TOKIOは体を張った企画、V6は素人さんとの企画、KinKi Kidsは音楽番組、嵐はゲーム企画と、同じ事務所の先輩たちがバラエティーの様々なジャンルで成功していたので、キスマイが新たに番組をやる時に、残されているジャンルはないように感じた。

「何をしたらおもしろいか？」と会議をしている時に、飯島さんが「キスマイはネットで、ブサイクだって書かれている」と言った。検索してみると、確かにそのような書き込みが結構あった。

すると飯島さんは、「こういうことを隠すんじゃなくて、前に出して企画を作れないのかな」と言い出した。「ブサイク」と言う人がいるなら、それを前に出して企画を作れないのか？　と。

　それを聞いた時に、耳を疑った。彼らは芸人じゃない。男性アイドルだ。そのアイドルの番組で「ブサイク」を企画にするなんて普通に考えたらありえない。でも飯島さんは、「隠す」ことを嫌がる。ネガティブを逆手に取りたがる。それによって、応援してくれる人が増える、と。

　そして企画は「キスマイＢＵＳＡＩＫＵ!?」に決まった。彼ら７人が、格好いいと言われるために必死になる番組を作ることになった。

　最初の放送はとんでもない始まり方だった。フジテレビの佐野瑞樹アナウンサーが、７人にネットの書き込みを見せる。そこには、彼らに対して「ブサイク」という表現をしている人がいる。メンバーがとてつもなく険しい顔になる。当たり前だ。

　一番言われたくないことが書かれている。それを見ている。それをテレビカメラで撮影されている。

　重ーい空気になった。ここからのスタートだった。

　だけど、これが大事だった。先輩たちが成功しまくっているバラエティーで戦うには、生半可な気持ちでは勝てない。

　だからこそ、リアルを受け止めるところから始めたのだった。これをすることによって、とてつもなく悔しい思いになる。だから本気になる。絶対成功させてやると。番組が始まると、当初は攻めすぎている中身に対してアレルギーを感じる人もいたが、彼らが本気で格好良くなろうとしている姿に次第にファンが増えていった。敢えて素人の人の厳しいコメントを入れることで、彼らのファンではない人にもこの番組に興味を持ってもらえると思った。狙い通りになり、番組の人気は上がっていった。

番組が始まってからの10年で、彼らはどんどん魅力的に、格好良くなっていった。

さすがに、「BUSAIKU」とつけているのも限界だった気がする。もし続いていたら、番組の背骨となる企画をどこかで変えなければいけなかっただろうし、なにより、「キスマイBUSAIKU!?」という番組は「ジャニーズなのにブサイクじゃダメでしょ」という、「ジャニーズ」をフリにした企画だったからだ。

２０２３年9月いっぱいで番組は終わったが、いい時に終わったと思う。

ここで一つ思うことを書こう。２０２３年、芸能の歴史が大きく動いた。この原稿を書いている今現在、「ジャニーズ事務所」という名前はない。彼らが所属していた場所は、「ＳＴＡＲＴＯ」という名前に変わった。

ジャニーズに所属していた人たちがテレビに出る時、「ジャニーズ事務所」であることは大切な武器だった。ジャニーズ＝男性アイドルということは日本人なら誰もが理解していた。

だから、バラエティー番組に出る時は、「ジャニーズなのにコントをやる」「ジャニーズなのに体を張る」「ジャニーズなのにドッキリにかかる」と、「ジャニーズ」であるということが大きなフリになった。

逆もある。格好良く決めた時にも「さすがジャニーズ」と言えた。

だけど、もう「ジャニーズ」ではないから、その言葉はつかえない。

僕は、今現在は、「ＳＴＡＲＴＯ」という名前は「ジャニーズ」のようなフリにはなりにくいと思う。まだ馴染んでないというのもあると思うが、それだけではない。

魔法が解けたような、そんな感覚がある。「ジャニーズ事務所」時代は、他の事務所の男性アイドルや男性アーティストと、バラエティーや歌番組で共演することはほぼなかった。

だが、テレビは変わった。歌番組ではみんなでダンスメドレーを歌い踊り、バラエティーでも共演している。

前のようなフリが効かなくなり、魔法は解けたのかもしれない。だけど、そこには「自由」がある。

フリが効かなくなったからこそ、他の事務所の男性アイドルやアーティストと比較されることも多くなり、競争が生まれる。

その中で「ＳＴＡＲＴＯ」所属のみんなは、今まで以上に競争の中で戦い、努力していくことになるだろう。努力しまくった人たちには、今までになかった輝きを放つようになる人もいるだろう。

男性アイドルや男性アーティストが、フラットに競い合い戦う時代が幕を開ける。

久しぶりのスターが生まれる予感がする。

スターは奇跡を起こす
SMAPの「FNS27時間テレビ」

僕が32年間放送作家をやってきた中でも、一番の奇跡が起きた瞬間は、2014年のフジテレビ「FNS27時間テレビ」だと思う。「武器はテレビ。SMAP×FNS27時間テレビ」というタイトルでお送りした。

SMAPにとって初の挑戦。「27時間テレビ」と言えば芸人さんがメインMCに来るものだったが、アイドルが挑戦するのは初となる。

日本テレビの「24時間テレビ」のMCよりもフジテレビの「27時間テレビ」のほうが、直にタレント性がむき出しになってしまう。つまりタレントパワーが強いほどおもしろい番組になることが多い。

とにかく、中居正広さんも「今まで誰もやってきたことのないものをやりたい！自分らにしか出来ないものをやりたい」と言っていたし、マネジメントをしていた飯島三智さんの「やるからには絶対におもしろいものを」というこだわりが凄かった。

結果、オープニングはＳＭＡＰの生前葬からスタート。各界の著名人が、メンバーそれぞれにぶっちゃけた質問をする。原辰徳さんはリーダーの中居さんに、元メンバーの森且行さんが脱退した時のことを訊いた。その当時は、森さんのことを話したり聞いたりするのがＮＧという空気感があったため、番組冒頭から「今回は違うぞ」という空気を醸し出した。

そこから「めちゃイケ」チームとの水泳大会で激しい水上バトルをして、生で「ワイドナショー」をやり、明石家さんまさんとの恒例の生トーク、後輩のＫｉｓ－Ｍｙ－Ｆｔ２との企画、「めざましテレビ」、「ＢＩＳＴＲＯ ＳＭＡＰ」では、ゲストがシェフとなり、タモリさんが来た時には限界を超えて生放送中に眠りだした。すべてに全力でぶつかっていた。

だが、このあとにもまだ続く。都内で行われた結婚式にサプライズ登場したりと、休む暇なく番組は続いていく。

とにかくクタクタになった中で、最後はＳＭＡＰ５人によるライブを行う予定だった。27曲45分超えのノンストップライブで、お台場の屋外会場に巨大セットを作り行うというもの。

オープニングからバラエティーを26時間近く行い、最後の最後に寝ずに45分のノンストップライブを行うという、とてつもなくハードな企画だった。だが、メンバー5人が伝説を作るために、これに挑むと決めた。

ただ、このライブを行うのには問題があった。台風だ。放送開始前から台風が近づいていて、番組が始まった時は台風が来ると言われていた。

当時、屋外ライブで雷による事故があり、ちょっとでも雨が降っているとライブを行うことが出来なかった。完全に雨がやまないとだめだと言われていたのだ。

だが、台風が近づいている。番組開始から、スタッフ側に天気のプロのお天気お兄さんを呼んで、常に雨雲を見ながら日曜日ラストのライブをどうするか決めることになった。

土曜日の夜の時点では、「無理だろう」という判断だった。雨の場合は、スタジオでのライブとなる。どうしても５０００人の観客を入れての屋外ライブとは迫力が違う。

時間がたつたびに、そのお天気お兄さんにみんなのあたりが強くなる。当たり前だがお天気お兄さんのせいではない。

翌朝になり、やっぱり雨は止まないだろうという予報。昼を過ぎてもそれは変わらず。メンバーは寝ずに番組をやっていたので、限界を超えていた。

やっぱり無理だ……。スタジオでやろう！　とプロデューサーチームは判断した。だが、夕方、明石家さんまさんと屋外でコントをするコーナーがあった。その直前で……台風もそれて雨雲もなくなったのだ。

お天気お兄さんもビックリしていた。まさかの天気に。まるで台風が自ら去っていったかのようだった。

コントのセットはスタジオに移動させていたが、雨雲が去ると、プロデューサーは叫んだ。

「外だーーーーーーーーー」

スタジオのセットを大急ぎで外に組みなおした。

明石家さんまさんとのコントを屋外で行い、お客さんも大急ぎで特設ライブ会場に移動させて、結果、最後のライブは大成功となった。

ＳＭＡＰとのお仕事でいろいろと奇跡を見てきたが、ここ一番、人生で一番の勝負となったこの番組で、天気をも変えてしまうのだと、本当に興奮した。

ライブを終え、ライブ会場からフジテレビまで10分以上を歩いて移動する彼らのもとに届いたサプライズの手紙は、元メンバーの森且行さんからのものだった。

ＳＭＡＰが勝負を懸ける番組で、飯島さんは森さんに手紙をお願いした。ある意味、掟破りでもあっただろう。飯島さんは事務所の確認を取らずに自分のジャッジでやったはずである。全部の責任を背負って。

でも、５人が勝負を懸けて挑む番組の最後の最後までサプライズを作り、彼らを驚かせ感動させるには、これしかなかった。

結果、その手紙で、ライブ終わりの汗に交じって、涙をこぼすメンバーもいた。

やはり、伝説となる番組には、誰かの大きな勇気あるジャッジがある気がする。それは出演者の場合もあれば、マネジメントやスタッフの場合もある。

この「27時間テレビ」には、もう一つ伝説がある。初日の夜に放送したドラマだ。ＳＭＡＰ５人が出演するフェイクドキュメンタリードラマで、テーマは「ＳＭＡＰの解散」。

世の中に突如、ＳＭＡＰ解散という噂が流れて、みんながそれに翻弄されていく。果たしてそれは真実なのか？　嘘なのか？　真相を明かしていくドラマだった。ドラマというにはリアルで、刺激的だった。

この時までに何度も解散の噂は出ていたからこそ、「27時間テレビ」というステージでやるべきＳＭＡＰらしいドラマだと思った。

「27時間テレビ」は大成功に終わった。彼ら5人が一つになって大成功した番組の中で放送されたこのドラマも、最後まで見ると結果、「解散は絶対にない」と思わせるものとなった。

だが、このドラマの放送から2年後の2016年夏にSMAPは解散を発表し、その年の12月一杯で解散することになった。

解散はしないほうがいい。だが、今思い起こすと、解散する2年前に、このドラマを放送していたことも、またSMAPらしいなと思ってしまう。

悪いことを奇跡と呼ばないのかもしれない。だが、こういうことも、ある意味スターしか起こせない「奇跡」なのかもしれない。

自分の得意なフィールドを見つける

初めての連ドラ脚本「人にやさしく」

2002年1月からフジテレビの月曜9時枠で放送された連続ドラマ「人にやさしく」。香取慎吾さんと極楽とんぼの加藤浩次さん、SOPHIAの松岡充さんの3人と、当時子役だった須賀健太さんが出演した。

東京・原宿の、指が2本ではなく3本立った「3ピース」の看板を掲げた大きな一軒家に、原宿中学校の歴代ボスである3人の男が暮らしていると、ある日突然、小学1年生の男の子、明を預かることになる。大人になり切れない3人が、子供を預かりながら成長していく子育て青春ストーリーだ。

これが僕の連続ドラマ脚本家デビューである。

このドラマを書くことになったきっかけは、中居正広さんと香取慎吾さんが出演していたバラエティー番組「サタ☆スマ」だった。香取慎吾さん扮する「慎吾ママ」が大人気となり、バラエティーという枠を飛び越えて慎吾ママを主役にした特番ドラマを作ろうということになって、「サタ☆スマ」をやっていた僕がそのドラマの脚本を書くことになった。

そして、そのドラマは高視聴率でヒットした。

放送が終わり、SMAPのマネジメントをしていた飯島三智さんと、フジテレビの大多亮さんと食事に行った際に、大多さんに「連続ドラマ、書いてみる気はないの？」と聞かれたので、僕は「やれるならやってみたいです」と答えた。

その流れで大多さんが飯島さんに「来年の1月、慎吾は空いてる？」と確認し、「じゃあ、来年1月、香取慎吾主演で、鈴木おさむ、フジテレビ月9で連ドラ脚本家デビュー、決定でいいかな？」と言った。飯島さんも「わかりました」と答えて、あっさりと月9での連続ドラマ脚本家デビューが決まってしまった。すごい勢いだなと思った。

プロデューサーには、慎吾ママのドラマも一緒に作った栗原美和子さんと、もう一人男性のプロデューサーがいた。

僕はその時29歳。放送作家を始めて10年が経っていて、「SMAP×SMAP」や「めちゃ×2イケてるッ！」の他にも沢山のバラエティー番組を作っていた。若きヒットメーカーと思われていた。

この勢いでドラマもいけると思っていた。

男3人と子供の物語という設定は僕が提案した。香取慎吾さんの他には、「めちゃイケ」で一緒にやっていた加藤浩次さんに出てほしいと思った。もう一人は、BARで一度飲んだことがあった松岡さんにお願いして、メインのキャスティングは希望が通った。

タイトルもブルーハーツの曲から「人にやさしく」とつけて、ブルーハーツの曲も使いたいと言ったら、その通りにしてくれた。

最初は調子が良かった。だが、脚本打ち合わせが始まると、連続ドラマの作り方に慣れていなかったので、苦戦し始めた。

僕としては、もっとノリで話が進む感じにしたかったのだが、いざ1話の脚本をあげてみると、「ドラマがない」と言われた。

さらに、男性プロデューサーには、「今までバラエティーで培ってきたものを一度捨ててほしい」と言われた。

今までの武器を使って、他の脚本家には出来ないドラマを作ろうと思っていたのだが、真逆のことを言われたのだ。フジテレビの月9でドラマを書くなら、ちゃんとドラマ性のあるものを書ける脚本家になってほしいという思いもあったのだろう。

だけど僕は、今までの武器を捨てろと言われてパニックになった。「じゃあ、何を書けばいいの？」とわからなくなり、脚本イップスのような状態になってしまった。

そんな僕の様子を見て、栗原さんは脚本にいずみ吉紘さんを加え、脚本が2人体制になった。

ドラマの中では「ピースじゃなくてスリーピース」という3本指のピースが毎度出てくる。そういうことは考えられるのだが、一話ごとの物語が考えられない。

クビになってもおかしくなかったのだが、栗原さんは僕に脚本家としても育ってほしいと、愛を持って向き合ってくれた。

僕は完全に自信を失っていた。辞めてしまおうかと何度も思った。だけど、ここで辞めたら香取慎吾さんにも飯島さんにも申し訳ない。何より、「やっぱり放送作家はドラマは書けないんじゃん」と思われてしまう。

本当に辛かったが、粘って喰らいついているうちに、徐々に書き方がわかるようになり、4話くらいからは少しずつだがコツを摑んできた。

ドラマが放送になると、1話から視聴率は20%を超えた。大ヒットである。

バラエティーをやっているプロデューサーやディレクターからも「おめでとう」と

メールが来るのだが、お祝いのメールが来れば来るほど胸が痛い。胸を張って1話から全部俺が作ったと言いたかったが、そうではないのだ。

バラエティーの若きヒットメーカーがドラマに行き、戦ってみたが、歯が立たないという現実。

それがバレるのが嫌だった。

4話、6話、8話、10話と偶数回を自分がメインで書いていく。

最終回は11話だった。僕は栗原さんに最終回を書きたいと希望したが、栗原さんは現実的に無理だと判断した。その判断は正解だ。

僕は自分が発案したドラマの最終回が書けなくて、悔しかった。最終回まで放送が終わり、平均視聴率21・4％と大成功を収めた。周りから褒められれば褒められるほど胸が痛い。最終回も書けてない。だけど、そのことは格好悪くて言えない。

悔しすぎて、僕は最終回を見ることが出来なかった。いまだに見ることが出来ない。

そして、このドラマをやっていた時にもう一つ悔しいことがあった。

同クールのＴＢＳで、宮藤官九郎さん脚本の「木更津キャッツアイ」というドラマを放送していた。

視聴率的には「人にやさしく」の方がよかった。「木更津キャッツアイ」の平均視聴率は10・1％。「人にやさしく」の方が倍取っている。だけど、とにかく「おもしろい」と評判がいい。特に「脚本がおもしろい」と、僕の周りでエンタメ感度の高い人たちがみんな褒めている。

ドラマを見てみると、宮藤さんが磯山晶プロデューサーのもと、とにかく楽しそうに伸び伸びと書いている気がした。

自分の力不足の問題なのに、宮藤さんの作っている環境を羨ましいと思ってしまった。

僕は初の連続ドラマを終えて、大きく自信を失った。

ドラマを終えて、またバラエティーに向き合うようになった。そして本気で舞台をやってみようと思った。

自分で書いて演出して、力をつけようと。吉本の若手の芸人さんにも協力してもらって、脚本と演出を覚えようと。

だが、その後も映画や単発のドラマを作ることはあっても、連続ドラマは怖かった。また出来なかったらどうしようと。

２０１１年、久々に連続ドラマを作ることになった。これが、ＴＢＳで鈴木早苗プロデューサーと作った「生まれる。」というドラマだ。

早苗さんは、コメディードラマをやるつもりで僕にオファーしたのだと思う。でも僕はその頃、妻が2度目の流産を経験していたので、子供を授かることは当たり前ではなく、奇跡だと痛感していた。周りでも不妊治療をしている人が増えていた。それで、高年齢出産をテーマにしたドラマを作りたいと提案した。

主演は堀北真希さんと田中美佐子さん。母親が51歳という高年齢で妊娠したことをきっかけに、「命」について考えるヒューマンドラマだ。

このドラマでは、コメディーを全部捨てて挑んでみた。鈴木早苗プロデューサーと演出の金子文紀さんにアシストしてもらい、一人で最後まで書き上げることが出来た。演出の金子さんは「木更津キャッツアイ」のチーフ演出でもあった。自分が悔しい思いをしたドラマを作った人と、一緒にドラマを作った。平均視聴率は10・3%。ヒットした！　と言い切れる数字ではなかったが、このドラマを通して、自分なりに、高年齢出産や不妊治療のことなど、世間に影響を与えられたのではないかと思っている。

僕のドラマ恐怖症は、このドラマを経て少しだけ拭うことが出来た。

このドラマと並行して作っていたのが、映画「ＯＮＥ ＰＥＡＣＥ ＦＩＬＭ Ｚ」だ。その後、２０１５年公開の映画「新宿スワン」の脚本を書いたりしながら、舞台の作・演出も続けていた。

そして、次に連続ドラマの脚本を書いたのは、「生まれる。」から6年後。2017年の1月から、テレビ朝日の23時台だった。

この前年の2016年は、SMAPの解散問題で揺れに揺れていた。「SMAP×SMAP」の最終回に向けて、苦しい思いで番組を作っていた。精神的にもしんどかった。

そんな折の、連続ドラマのオファーだった。しかも、僕で不倫の話を作りたいのだと言う。同枠で不倫物がヒットする確率が高かったので、オリジナルの不倫物を作りたいということだった。

ゼネラルプロデューサーの横地郁英さんは、僕に、「おさむさんは、バラエティーで変なことを考えるのが得意じゃないですか？　だから、このドラマは不倫物で、大真面目にやるんですけど、笑っちゃうような変なことが連続して起こるドラマにしたいんですよ」と言った。

横地さんの「変なことが起こる」という言葉が妙にしっくりきた。僕は「人にやさしく」の時からドラマっぽいものを作らなきゃ、ドラマっぽい展開にしなきゃということばかり考えていた。そして、それなら自分が書かなくてもいいじゃないかと思うようになっていた。

だけど、横地さんの言葉で、あるドラマが頭に浮かんだ。80年代に大ヒットした

「大映ドラマ」である。

「スチュワーデス物語」「不良少女とよばれて」「スクール☆ウォーズ」などなどヒット作多数のあの世界には子供の僕も夢中になったが、あまりに変なことが起こりすぎるので、ツッコみながら見ていた。それを思い出し、「そうか、視聴者にツッコませるドラマを書いたらいいのか」と考えたのだ。

そうして作ったのが「奪い愛、冬」というドラマ。出演者は、倉科カナさん、三浦翔平さん、大谷亮平さん、そして水野美紀さんだ。

自分の夫が別の女性を好きになりおかしくなっていく女性・蘭を、水野さんに振り切って演じてもらった。

3話では、大谷亮平さん演じる夫が別の女性と家でキスする瞬間を、蘭がクローゼットに隠れて見ている。キスした瞬間、クローゼットから飛び出して「ここにいるよ〜」と叫ぶ。

恐怖の女・蘭の行動が怖いけどおもしろいとネットで話題になり、このドラマは毎回、Twitterを騒がせるバズドラマとなった。

これを作り、自分の中で自信が出た。自分が得意なフィールドが分かったのだ。

ずっとバラエティーをやってきたから、笑えるドラマが得意なんじゃないかと思っていたけど、そうじゃない。

真面目そうに見えるドラマの中で、変なことが起こっていく。そして、登場するキャラクターにクレイジーな人が多い。

自分に合っているのはこれだと気づくことができた。それに気づかせてくれた横地さんには、本当に感謝している。

2020年に同じくテレビ朝日で放送された、浜崎あゆみさんの半生を描いた小説を元にした「M 愛すべき人がいて」というドラマも、田中圭さん主演の「先生を消す方程式。」でも、ここで見つけた自分のやり方を踏襲し、成長させていった。そのことによって、「大げさで変なことばかり起こる 鈴木おさむワールド」なんて言ってもらえるようになった。

人生はおもしろいなと思う。

自分の人生で一番大事だった「SMAP×SMAP」が終わった後に、それまで自分が見つけることの出来なかったドラマの世界観を手に入れることが出来たのだ。

僕は小学6年生の時に生徒会長をやっていたのだが、月に一度、生徒会が全校生徒の前で何かを報告したり発表したりする会があった。

それまでは、町のことを調べたり、社会の授業のような発表をすることが多かったのだが、僕はこれが退屈だった。１年生から６年生までみんなが見ているので、楽しませたいと思った。

僕は先生に直訴した。「お芝居作って演じていいですか？」

自分が書いて演出して主演して、15分ほどのお芝居をやった。マッチ売りの少女が不良にカツアゲされて人生ボロボロになっていく話だった。

体育館は大爆笑になった。これは当時流行っていた大映ドラマをベースにして作った話だ。人生で初の成功体験だった。

僕は「奪い愛、冬」を書いた後に、この、小学生の時にやったお芝居を思い出した。本当に好きなものは何歳になっても変わらないのだ。だけど、自分の得意なものに気づくまでに時間がかかった。

ここ数年は配信も増え、メディアではドラマの本数が増えている。でもその割には、以前のように若いスター脚本家が出にくい時代になったと思う。原作物や、プロデューサーが作りたいドラマを脚本家に書かせるのもいいが、脚本家の得意なものを見抜き、脚本家の頭脳を信頼し、育て、成長させて作っていくドラマが、数年後の日本のエンタメをもっと盛り上げるのではないか。

きっと、すごい才能を持った脚本家というのはそうやって現れるのだと思う。

ヒットに繋げるキャスティング
主演女優を伏せた「離婚しない男」

これまでの放送作家人生32年の中で、おかげさまで連続ドラマの脚本に挑戦させて頂くチャンスが何度かあったが、正直、苦手意識は否めなかった。

2017年、テレビ朝日「奪い愛、冬」というドラマはドロドロ不倫ドラマだったのだが、その作品で初めて自分のドラマの世界観が「開眼」した気がした。水野美紀さんは怪演女優の芽を出し始めていた。そのドラマでは、夫が不倫して狂っていく、中々あり得ない濃すぎるキャラを見事に演じてくれた。水野美紀さんのおかげで、僕が書くべきドラマの方向性が見えたと言っても過言ではない。本当に感謝しています。

自分のドラマは、女優さんが今までやったことのない役を振りきって演じてくれた時に、ヒットしやすいのではないかと気づけた。

そして、2024年1月に始まったテレビ朝日のドラマ「離婚しない男―サレ夫(お)と悪嫁(およめ)の騙し愛――」。これは美人妻の綾香に浮気された夫・渉が娘の親権を取り離婚しようと奮闘する漫画原作をもとに、僕が脚本を書いた。

23年の夏頃、テレビ朝日の服部宣之さんからオファーを受けた。服部さんは、元々東海テレビで昼ドラを作っていた。あの名作「牡丹と薔薇」も。その後、テレビ朝日に入るわけだが、僕は浜崎あゆみさんの自伝的小説を元にしたドラマ「M 愛すべき人がいて」で初めて一緒に作らせていただいた。

大映ドラマを敬愛する僕の、キャラ濃すぎで変なことばかり起こる世界観をさらにぶっ飛ばしてくれたおかげで「M」はヒットした。

服部さんは、僕に「離婚しない男」の原作を渡して、この主人公を伊藤淳史さんでやりたいと言ってきた。奥さんに浮気されまくる「サレ夫」がかなり似合うのではないかと。

それ以外のキャストは決まっていなかった。

僕はその時に、2024年の3月いっぱいで今の仕事を辞めることを伝えた。服部さんはかなり驚いていた。この漫画原作を元に、自分の世界観を爆発させてもいいかと聞くと、服部さんはOKしてくれた。

そして、テレビ朝日の奥川晃弘さんは、現在編成局長だ。僕は奥川さんとは同じ年で、バラエティーでずっと一緒に様々な作品を作ってきた。「Qさま!!」「お試しかっ!」「お願い!ランキング」そのほか沢山。

奥川さんが服部さんに僕の名前を出したと聞いた。そして、奥川さんは僕に、「辞める前に、とにかくバズる作品を作ってくれないか」と言ってくれた。

ドラマは中味も大事だが、やはりキャスティングが大事だ。僕は、その作品からブレイクしたように見える人がいる時にドラマって大きなヒットに繋がると思っている。

もちろんドラマでは人気者を見たいとは思うが、人気者以上に「おもしろいドラマ」が見たいはずなのだ。

残念ながら「何で、この役この人なの?」と思うことはしょっちゅうある。

そこで、この「離婚しない男」の主演女優を考える。服部さんはドラマ中に出てくるかなりハードな濡れ場にも挑戦したいという。なので、それが出来る女優さんが大事だと。

大体、そういうのって新人とかがオーディションで選ばれたりするものだ。色々な名前を出し合ったが、しっくりこない。

すると、一人の女性の名前が浮かんできた。それが「篠田麻里子さん」だった。以前、僕が原作のドラマに出演して頂き、ラジオにも出て頂いたことがあって、独特の色気のある方だなと思っていた。そしてチャーミング。

ただ、2023年、離婚された篠田さん。色んな噂も出ていたが、そんなことも含めて、篠田麻里子さんがこの役に挑戦してくれたらとても刺激的で、かつおもしろいものになるなと思ったのだ。でも、絶対に「やらないだろうな」と服部さんと話していた。

服部さんがしばらくして「篠田さん、やってくれることになりました」と報告してきた時は本当に驚いた。服部さんは篠田さんの事務所に行き、熱く口説いたそうだ。

そして、服部さんはさらに驚く作戦を取った。放送まで主演女優を言わないという方法だ。TBS「VIVANT」のようにドラマの内容をほぼ明かさないドラマはあったが、いやいや、主演女優を明かさないってあります⁇

予告編どうするの？　と思ったら、まさかの主演女優の顔にぼかしをかける。ポスターも1話の放送が終わるまでは顔を隠すという今まで見たことのない作戦を取りました。

正直、この1月クールのドラマは話題作だらけだったので、僕のドラマが事前に話題になることはあまりなかったのだが、僕の中では自信があった。脚本もかなりおもしろく出来たなと自負があったからだ。

1話の放送はテレビのリアルタイムの時間に、スタッフと出演者、集まれる人が集まって一緒に見た。

伊藤淳史さん、水野美紀さん、佐藤大樹さん、木村ひさし監督、服部プロデューサー、他沢山。

放送が始まると、またたくまにドラマのタイトルと篠田麻里子さんの名前がトレンドに入った。

その時、水野さんは、篠田さんへの誹謗中傷などがないか、とても気にしながらSNSを見ていた。そして、篠田さんの挑戦したガッツへの評価が多いことを確認すると「よし！」と自分のことのように喜んでいて、その姿を見てなんだか泣きそうになった。女優として今回の役に挑戦することにどれだけの勇気がいるかわかるのだろう。

ドラマは1話の放送を終えて、同枠での初回最高視聴率。そして配信で大ブレイクを果たした。1話が放送されて4日経ち、TVerなどの配信で240万再生を超えてテレビ朝日の番組史上最速を爆走中だ。

出演者、スタッフ、全ての人が頑張ってつかみ取った結果。中でも、篠田さんにはお子さんがいる中でこの役に挑戦した勇気に大きな拍手を送りたい。撮影後、篠田さんから頂いた手紙には「かなり悩んだ」と書いてあったが、そりゃそうです。

でも、自分が動かないと景色は変わらない。勇気を出して、動いて景色を変えようとする篠田さんの気持ち。きっと励まされる人が沢山いるはずだ。

僕の最後の地上波連続ドラマとなるこの作品をきっかけに、一人の女優が、大きく羽ばたく姿を見たいなと思っている。それが出来たら、本望だ。

第三章

僕が尊敬する
テレビの裏方たち

視聴者が見たいものを見せる勇気

木村拓哉を熱湯風呂に入れる

テレビ番組で、視聴者が見たいものを見せるのは、簡単そうですごく難しい。みんなが見たいものって、大体はタレントが見せたくないものだから。作り手だって出演者や事務所とモメたくはないし、嫌われたくはない。

そんな中でも、日本テレビの高橋利之さんは「視聴者が見たいものを見せることに全てを懸ける人」だと思う。トシさんは「行列のできる法律相談所」を立ち上げて、今なお現役の演出家だ。司会だった島田紳助さんがいなくなるという最大のピンチも切り抜けた。

「行列～」では、毎回様々な特集をしているが、「正直、あの人のこと苦手ですSP」という特集は特にトシさんらしいなと思った。出演者が苦手な人を実名で言うんだから、見たいに決まっている。誰だって苦手な人なんて言いたくないはず。だけど、トシさんはあの手この手でタレントを口説いて色んな理由を付けてテレビで発表させた。とてつもない汗をかいているし、勇気がある人だ。

そのほかにも、トシさんは、芸能人の最高収入をひたすら発表していくとんでもない特番を作り、高視聴率を取った。そんなものを発表して誰が得するんだとも思ったが、見たくないわけがない。どうやって出演者を口説き落としたのか、想像するだけでも苦しくなる（2回目はなかったと思うが）。

トシさんが僕に教えてくれた番組がある。自分が視聴者として凄く好きな番組があると。それが「木曜スペシャル」で放送された「ミイラ大解体」という番組。南米からインカ帝国のミイラを運び、2時間かけて、包帯を外す様子を延々と生放送するのだ。結果、中から出てくるのはミイラだと誰もが分かっている。そして実際、最後にミイラが出てくるのだが、ミイラとは、言わば人の死体である。包帯の中から死体が現れるまでをずっと生放送で見せていく。誰もが目を離せない。トシさんは興奮気味にその番組のことを僕に語った。その番組が「見たいものを見せる」トシさんの「種」なんだなと思った。

日本テレビで毎年年末に放送されていた「さんま＆ＳＭＡＰ！美女と野獣のクリスマススペシャル」という人気特番があった。

僕も始まって3回目くらいから最後まで構成に参加していた。途中から、トシさんが演出になったのだが、トシさんは毎年、その番組を自分の修業的な場所だと言っていた。出演者は大物揃いだし、視聴率的にも内容的にも、局から大いに注目され、期待されていたのだ。

そんな中で2009年の「さんま&SMAP」は、僕の放送作家人生の中でも忘れられない回になった。

その年放送されたのは、明石家さんまさんとSMAPメンバーの都市伝説として出回っている噂を、VTRで検証していくという内容だった。

そしてなぜか最後に、スタジオのゲストが「この人」と決めた人に、生で熱湯風呂に入ってもらうというとんでもないルールがあった。

若手芸人さんが入るわけではない。超大御所の明石家さんまさんか、既にトップスターになっていたSMAPのうちの誰かが、最後に生で着替えて熱湯風呂に入るのである。トシさんは最後の最後まで番組を絶対に見てもらうために、この強烈なルールを作った。正直、僕は都市伝説を検証するだけでも十分におもしろいと思ったのだが、トシさんは熱湯風呂にこだわった。まさしく「事件」を作りたいわけである。

最後に「この人」と決めるのには、明確な基準があるわけではなく、ふんわりしている部分があった。まあ、なんとなく番組内でスベったり、盛り上がらなかった人の罰ゲーム的な感じに見えた。

こんな時視聴者は、誰が熱湯風呂に入ると思うだろうか。大御所とはいえ芸人のさんまさん。バラエティーで活躍することの多い中居正広さん、草彅剛さん、香取慎吾さんが選ばれることは、ある程度予想できる。稲垣吾郎さんだったら驚く。木村拓哉さんが選ばれることは絶対にないだろう。だからこそ、視聴者が一番見たいのは、あの木村拓哉さんが熱湯風呂に入る姿なのだ。

番組が進んで行く。木村さんにまつわる都市伝説は「整形疑惑」だったり、全国に別荘を持っているという「別荘疑惑」だったりとなかなかの所に踏み込んでいったが、木村さんは逃げることなく答えていった。

そして終盤になり、いよいよ熱湯風呂に入る人の発表になった。スタジオゲストの広末涼子さんが発表する形になっていた。が、最終決定は番組の演出をしている高橋利之さんが下すことになるわけだ。

発表前にＣＭになり、スタジオの裏で広末さんに熱湯風呂に入る人の名前が伝えられる。広末さんはちょっとビックリしていたが。

ＣＭが終わり、再び本番になり、広末さんが伝えた名前は「木村さん」だった。

スタジオの観客は皆「えーーーー!?」と声を上げた。率直に言うと、番組内では、木村さんは一番正直に都市伝説に向き合っていた。

そして、まさか、あの木村さんが選ばれるなど、誰も想像していない。だからこその「えーーーー!?」である。

本人も、心底驚いたという顔をしていた。ネットを見ると「あれは最初から決まっていたに違いない」と書いてあったが、絶対にそんなことはない。

あの流れで木村拓哉と決定するのはかなり強引だ。番組の流れ的に違和感がある。あそこでそんな選択が出来る演出家はトシさん以外にいない。高橋利之は「見たいものを見せる男」なのだ。

スタジオでは「大丈夫なのか?」とスタッフの緊張感も漂う。木村さん本人も「マジで??」と納得してない顔をしながら、しっかりと生着替えを進めていく。やはりプロだ。

短パンに着替えた木村さんは、熱湯の入った水槽の手前に立ち、そして入った!!! かと思いきや、両手と両足を垂直に伸ばし、平行棒で足を伸ばす体操選手のようなポーズをとった。そこからしばらくの間粘るが、ついに、そのまま落ちた。

普通なら、そのまま「熱い、熱い」と飛び出すのだが、木村さんは「熱っ、熱っ」

と言ったまま、耐える。耐えて耐えて16秒耐えて、飛び出す。飛び出すときに、木村さんはその熱湯を両手でスタジオにばら撒いた。体は赤くなり、熱湯の次は氷の出番だ。

木村拓哉vs熱湯は、格好良く、おもしろく、とてつもなく刺激的だった。

結果、熱湯風呂に入った瞬間のその場面は視聴率が30%を超えていた。

人が見たいものを見せるのは、とてつもなく難しいことなのだ。出演者に怒られたり、嫌われることもあるかもしれない。

でも、テレビマンは勇気を持ってそういうものを作っていかないといけないないし、視聴者はやっぱり、それが見たい。

大物を口説いた努力と気遣い

高倉健に送った50通の手紙

他の番組では中々見ることの出来ないゲストが自分と関係のない番組に出ていると、悔しくなる。

番組の会議では、ゲスト案を考えるという仕事がある。そこで、最近話題の人の名前が挙がるが、滅多にゲストで出ない人の名前を出すと「出たらいいけどね」で終わることが多い。

ヒットしている番組の中でも、特に「気合の入っている番組」は、他で出していない人を出してやるという意気込みがすごい。

日本テレビ「しゃべくり００７」なんかは、特に21時台に枠移動してから、その気合をより感じる。例えば、葉加瀬太郎さんがほぼメディアに一緒に出たことのない娘さんと一緒に出て高視聴率を取り、しかも話題になった。あの番組は、スタッフが、他で見たことのない人と、見たことのない組み合わせを出そうと、時間をかけて関係性を築き上げて命を削ってブッキングしている気がする。

フジテレビ「SMAP×SMAP」では番組開始から約1年半後に高倉健さんが出て世間を驚かせたのだが、どうやって高倉健を仕込んだのか、詳しく聞いたことがなかった。なので、この原稿を書くタイミングで、「スマスマ」を立ち上げた荒井昭博さんに連絡をすると、かなり細かく教えてくれた。

まず、「SMAP×SMAP」は番組1回目にメインコーナーである「BISTRO SMAP」のゲストとして大原麗子さんのブッキングに成功した。大女優・大原麗子が出演したことにより、女優さんのブッキングはこのあとスムーズなものとなった。でも、男性の俳優さんはなかなかOKをくれなかった。特に映画界の俳優さんはテレビのバラエティーには出演しないという空気があり、バラエティー番組に出ることは「色物」扱いされていた部分があった。

そこで、荒井さんと僕が会議していた時に、「どうせなら業界のナンバー1を口説けば扉は開くだろう」と話し、名前が出たのが高倉健さんだった。

高倉健がバラエティー番組に出るわけなんかない！　というのが当時の当たり前の印象。

荒井さんはまず、窓口を探すところから始めた。高倉健さんは事務所を公表してなかったので、窓口探しは難航したのだが、なんとか人づてに連絡先が分かった。間に入っている人に「お願いに行きたい」と言ったところ、スケジュールの都合で丁重にお断りの連絡をもらった。そりゃそうだ。それが当たり前。絶対出るわけないのだから。

そこで諦めるのが普通なのだが、荒井さんはそこからスタートした。

連絡先が分かったので、手紙に番組内容と出演してほしい思いを書いて投函した。荒井さんがすごいのが、この手紙を1回ではなく、なんと1年間、毎週書いて投函していたというのだ。

無駄になるかもしれないことを1年続けるなんて、中々出来ることではない。

そして1年が経った頃、フジテレビで「北の国から」を作られた方に、取締役昇進の内定が出た時に、なんと高倉健さんから「昇進お祝いに、宜しければフジテレビの『SMAP×SMAP』に出演させていただきますが」と連絡が入ったのです。

荒井さんはそれを聞き、約束した場所に行くと、そこには本当に高倉健さんがいた。会った最初の言葉が「50通のお手紙ありがとうございます」と。

読んでいたんです。すべて。

そして『ＢＩＳＴＲＯ ＳＭＡＰ』ではカレーが食べたいです」とメニューが1分で決まる。

次に、衣装はどうするかという打ち合わせに入ると、「女優の皆様はドレス系の正装ですが、自分が初の男性ゲストなら、逆にジーパンで出演させていただくのはどうでしょう」と。

さすが高倉健さん、自分の見え方を本当に分かっているのだなと。ちなみに、この時、荒井さんは、高倉健さんが本当に「自分は」と言うのだと感動したそうです。

高倉健さん、その場でスタイリストに電話をして「ようやく仕事が決まったよ！もう少しで餓死するところだったよ」と冗談交じりの会話をしてその場を和ませたと。打ち合わせなのに最初から最後まですべてがスターである。

荒井さんは、高倉健さんに来てもらうなら最高のおもてなしをしようと、スタッフと一緒にあらゆる情報を集めた。

高倉健さんは今、とあるホテルカフェのオリジナルコーヒーとハワイアンのＣＤがお気に入りとわかった。そこで、収録当日の楽屋に、そのホテルのコーヒー挽きの方に出張してもらい、楽屋で好きなコーヒーを飲んでもらって、さらに楽屋に最高の音響設備も用意し、ハワイアンの曲を聞いてもらう。

そして、荒井さんは、「高倉健さんと打ち合わせした時に、『南極物語』の撮影の強い紫外線のせいなのか、手にシミがあった。高倉健さんはあのシミを気にしているかもしれないから手のアップを撮るのはやめよう」という、細かすぎるほどの指示を出した。

収録当日、楽屋でのおもてなしも喜んでいただき、収録もかなり盛り上がった。高倉健さんのバラエティー出演は大成功となった。

高倉健さんはマネージャーがおらず、アメリカ式で弁護士事務所の方が間に入っていて、出演の際の契約書に「放送前に確認をする」という一文があった。

荒井さんが長めに編集したものを送ると、高倉健さんから荒井さんのところに直々に電話があり、開口一番「荒井さん、画撮り(え)にご配慮いただき、ありがとうございます」と。荒井さんの、手のアップを映さないという気遣いが高倉健さんに伝わって、感謝の言葉となった。

そして「どこを使ってもらっても構いません」と言ってくれた。

この回が放送されると、当時の番組の最高視聴率29・4%を記録し、この高倉健さんの出演によって映画俳優さんも続々と出演してくれるようになったのだ。

50通の手紙から始まり、細かすぎるほどの気遣い。

最初から諦めたら、実現することはない。そして、他人がやらない努力を積み重ねないと成果は出ない。

相手が「本物」ならば、その努力はきっと届く。

常識を疑い、常識を壊す
伝説を作った土屋敏男と飯島三智

今回は「常識」について、僕がリスペクトする二人の話から考えていきたいと思う。

一人目は、元日本テレビの土屋敏男さん。１９９２年に始まった「電波少年」を作った人だ。番組にもTプロデューサーとして出演し恐れられていた。

僕は土屋さんと一緒に番組作りをしたことはない。が、僕が放送作家になった年に始まったこの番組は刺激的で新しく、まだ若造の僕を焦らせおおいに嫉妬させてくれた。

アポなしという言葉を流行らせ、初期の「渋谷のチーマーを更生させたい！」などの危険な体当たり企画、そして「ユーラシア大陸横断ヒッチハイク」の大ヒット企画以降もヒット企画を連発。間違いなくテレビの歴史を塗り替えた。

中でも僕が一番嫉妬したのが、「電波少年的懸賞生活」。芸人のなすびが都内の某アパートへ連れていかれ、全裸になって「人は懸賞だけで生きていけるか？」ということを検証する企画だ。すべてが見たことない映像。シンプルに「このあとどうなるの？」の連続。まさに、これぞテレビ。

そんな土屋さんと僕は一緒にお仕事をしたことはなかったし、しなくて良かったなと思っている。今、プライベートで仲良くさせていただいているが、仕事をしていたら、多分今も怖くてこんな関係になってなかったかなと。

土屋さんはうちの妻が所属する森三中をおもしろがっていろいろ使ってくれていた。2002年に僕と大島さんが交際0日で結婚したときにも、とても「おもしろがって」くれた。

そして土屋さんは「おもしろいから、二人が結婚し続けている限り1日100円あげるよ」と、プライベートに電波少年的企画を持ち込んできたのだ。

おそらく、すぐに離婚すると思ったのだろう。そりゃそうだ。当時そう思っていた人は少なくないし、僕らもお互いそう思って結婚したところもある。

土屋さんは、僕らがこのために作った口座に1年ごとに100×365日で3万6500円を振り込んでくれた。

2年目も3万6500円、3年目も3万6500円。さすがに5年を超えると、「まだ離婚しないのかよ」と言っていて、そのあたりから振り込みが途絶えた。十分です。だって、結婚しているだけでお金貰ってるんだから。

だが、10年目を超えたあたりのある日、大島さんが家に帰ってくると、笑っているのだ。そして「今日、久々に銀行行って記帳したらさ」と、通帳を見せてくれた。

なんと土屋さんが5年分まとめて振り込んでいた。18万円以上一気に入っていたのだ。

一度言ったことはとことん続ける。しかも僕らに一言も言ってこない。そんな土屋さんは、そこからも僕らに1日100円を振り込み続けてくれたのだ。

これなんですよね。狂気と驚喜。テレビを作っていないときもおもしろい人間でいたいという土屋さんの生き様。

そして、ここで、一旦土屋さんの話を離れて、今度はSMAPのマネジメントをされていた飯島三智さんのことを書く。

飯島さんは22歳の僕をピックアップして、育ててくれた一番の恩人でもある。

飯島さんは、それまでの「常識」をいくつも打ち破ってきた。

沢山ありすぎるのだが、ここでは日本テレビ「24時間テレビ」の話を書きたいと思う。

僕は32年間の放送作家人生の中で一度だけガッツリと「24時間テレビ」の構成に入

ったことがある。

2005年に行われた回でメインパーソナリティーは草彅剛さんと香取慎吾さんだった。

この年は、日本テレビで「行列のできる法律相談所」などヒット番組を沢山作っている高橋利之さんが総合演出することになった。トシさんとは、後に「人生が変わる1分間の深イイ話」などを一緒に立ち上げることになる。当時も何かと特番などをやっていたのだが、そんなトシさんから相談の電話があった。それは「SMAPって『24時間テレビ』のパーソナリティーやらないかな?」というものだった。

過去、一度6人でやったことはある。フジテレビの「27時間テレビ」には度々出演しているが、「24時間テレビ」のイメージはあまりなかった。

トシさんらしいなと思ったが、僕は5人でという提案だと飯島さんは絶対に引き受けないと思い、「もしかしたら、慎吾と剛のシンツヨだったら可能性あるかも」と答えた。

トシさんが飯島さんにプレゼンしに行く直前。新潟県中越地震が起きた。多くの犠牲者を出したこの地震で、当時2歳の男の子が92時間後に現場に駆けつけたハイパーレスキュー隊に救出されるという奇跡が起こった。

トシさんが飯島さんにプレゼンしに行った日、テレビではこのニュースが流れていたそうだ。

飯島さんは、引き受けないのではと思っていた。だが、このニュースを見て、運命を感じたと。

そして、草彅剛と香取慎吾の二人でメインパーソナリティーを引き受けることにしたのだ。

結果、この回の「24時間テレビ」は平均視聴率19・0％。歴代1位の視聴率となった。

この「24時間テレビ」の裏では、飯島さんの今までの考えを覆す常識破りがあったのだ。

まず、チャリティーグッズのTシャツ。それまでは毎年、黄色の1色のみだったが、飯島さんは打ち合わせで「そもそもTシャツって、黄色1色じゃなきゃ駄目なの？」と言い出した。

誰もが考えてこなかった発想。「24時間テレビ」のTシャツと言えば黄色でしょうと。

あのTシャツはチャリティーTシャツなので、それを販売し、売り上げが募金に反映される。飯島さんは「募金になるんだから、一色じゃなくてもっと選べる方が、沢山売れるんじゃないの」と言ったのだ。

言われてみれば当たり前の意見。でも、この当たり前が常識となり、誰もが破ってはいけないものとなってしまう。

飯島さんはいとも簡単にその常識を破り、5色のTシャツを提案したのだ。

そしてそれが実行されて、それ以降、毎年、数色のTシャツが販売されることになった。

が、これはまだ入り口。

このあとスタッフがみんな頭を抱える常識破りを提案するのだ。

日本テレビ「24時間テレビ」は1992年にダウンタウンがメインパーソナリティーをしたときに、大きな変化を遂げた。この年に始まったのがチャリティーマラソン企画。初代走者は間寛平さんだった。そしてもう一つが「サライ」。この年、加山雄三さんと谷村新司さんが番組放送時間内で「愛の歌」を作るという挑戦で出来た曲が「サライ」。この曲が毎年、「24時間テレビ」のエンディングで歌われることになる。

いわば一番のシンボルでもある。

だが、飯島さんからいまだかつてない大きなオーダーがあった。

それは「番組の最後に、『世界に一つだけの花』を歌う」というもの。92年に曲が作られてから、番組の最後にみんなで歌っているのは「サライ」。でも、「その『サライ』のあと、一番最後に『世界に一つだけの花』を歌う」というのが条件だった。飯島さんは草彅剛・香取慎吾がメインパーソナリティーを務める番組の最後にSMAP5人全員を出演させてこの曲を歌うことをイメージしていたのだろう。

終盤、ランナーに向けて「負けないで」や「TOMORROW」など数々の名曲をみんなで歌う「24時間テレビ」だが、最後の最後は「サライ」。「サライ」であることが当たり前で「サライ」であることが絶対だ。

でも、飯島さんはその常識に、なぜ、変えちゃ駄目なの？　と疑問を投げかける。最後の最後はSMAPが揃って「世界に一つだけの花」を歌った方がいいんじゃない？　と純粋に考える。

今までの「常識」からすると「サライ」のあとにもう一曲歌うなんて、「ありえない」。なぜ「ありえない」かというと「それまでやってないから」。

僕も飯島さんの提案を聞いたときに「なるほどな」と思った。2003年にシングルバージョンが発売されて、超特大ヒットとなったこの曲を「24時間テレビ」の最後に歌う。世の中の人からしたら違和感がないことだと思うし、「待ってました」と思うのではないかと。

飯島さんはこの条件を譲らなかった。「絶対その方が番組としていい」と。プロデユーサー陣はかなり頭を抱えたはずだ。

そして時は過ぎていった。飯島さんは「条件」として出していたので、当然、ＯＫになったと思っていたはずだ。

番組最後の「サライ」は破ってはいけない聖域。サンクチュアリ。プロデューサーサイドは、加山さんと谷村さんサイドにこのことを伝えることはしたくなかったはず。だって「24時間テレビ」の常識を壊すのだから。

そして当日。番組が始まった。高橋利之さんの演出で進んでいく「24時間テレビ」は、新鮮さに溢れていた。

番組の合間、僕が飯島さんと日本武道館の会議室で話していると、プロデューサーチームが入ってきた。そこで飯島さんはなんとなく空気で感じて「『世界に一つだけの花』は絶対に最後だからね」と言った。あの瞬間、空気が凍った気がした。そのことを言いに来たかどうかわからないが、飯島さんは先手を打った。それが最初の条件だったから。

番組はエンディングに向かっていく。丸山和也弁護士がマラソンランナーとして武道館に帰ってきて大感動の中、「サライ」が始まる。

そして「サライ」を歌いきって「終わりか～」と思う中、あのおなじみの「世界に一つだけの花」のイントロが流れ始めた。

ここからは僕の推測だ。イントロが流れた瞬間、加山さんと谷村さんの顔に「?」が浮かんだ気がしたのだ。もしかして、もしかしたら、もしかしてだけど、知らなかったりして。

あくまでも推測です。

最後に歌われた「世界に一つだけの花」は大合唱で終わり、大団円でとても盛り上がった。結果、歴代最高視聴率となった。視聴者からしたら納得の終わり方だったと思う。

視聴者の中で「『サライ』が最後じゃなかったのおかしくない?」と思った人はほぼいなかったのではないか。

「24時間テレビ」の歴史の中で「サライ」が生まれてから、一番最後に「サライ」が歌われなかったのはあの1回だけだ。


そして日本テレビ土屋敏男さんの話だ。僕らが交際0日婚してから毎日100円をくれ続けた土屋さんだが……。

結婚20年目を迎える僕ら夫婦と食事会をして、ついにギブアップをした。そして

「最後に、これで許してくれ」と言って提案してきたのが、翌年小学校に上がる笑福のランドセルを作るというものだった。

土屋さんの住んでいる鎌倉にいい鞄屋があり、そこで頼むからと。

ただ、そのとき、すでに笑福のランドセルは頼んでしまっていた。その場では言いづらかったので、あとでＬＩＮＥで「実はもう頼んでしまったんです」と書いた。

土屋さんからＬＩＮＥが返ってきた。そこには「ランドセル、2つあって、何がいけないんだよ」と書いてあった。

そして、最後に書いてあった言葉は。

「常識を疑えよ」

僕らテレビを作ってきた人間は今までの常識を壊したところにおもしろさを見いだしてきた。それによって新しいものが作られてきた。

土屋さんの「常識を疑えよ」の言葉にハッと気づかされた。確かに、「なんでランドセル2個あったらいけないんだろ」と。

土屋さんも常識を疑い破壊し常識を乗り越え、伝説を作ってきた。飯島さんも、Ｔシャツを5色にし、「サライ」の後に「世界に一つだけの花」を歌い、常識を越えてきた。

常識を疑い、壊し、越えたところに興奮と感動はあって、視聴者は魅了される。

土屋さんはランドセルを作ってくれた。黒いランドセルのど真ん中にシルバーでスカルがつけてあった。

息子が小学1年生に上がったときに、「どっちのランドセルにする？」と選ばせたら、土屋さんじゃない方を選んだ。

学年が上がるたびに、この選択をしようと思う。土屋さんはいつかスカルを選ぶ日を楽しみにしているよ！　と言ったが、年に一度、この楽しみをくれたことにも感謝している。


常識を疑う。

テレビ番組は長年続いてくると、その殻を破るのが怖くなってくる。

「24時間テレビ」は92年にマラソンと「サライ」が始まり30年以上が経った。

テレビ界が大きく変化を迎えている中、来年あたり、今までの常識を疑い、失敗を恐れず、マラソンとか「サライ」とか、まったく0から考えるところから始めることを個人的には期待している。

テレビよ。常識を疑え。

命を懸けて物を作る

業界ナンバー1のクレイジー・ナスD

この業界では「クレイジー」と言われることが褒め言葉になっている。その中にも「クレイジーを演じている人」と、「ナチュラルクレイジーな人」の2種類がいる。

テレビ朝日に友寄隆英という人がいる。彼は、僕がこの業界で見てきた中で、ナンバー1のナチュラルクレイジーな人だ。

僕より3歳年下の友寄は、テレビ朝日の「いきなり！　黄金伝説。」に最初はフリーのディレクターとして入ってきた。最初は僕の「年上」だったので「友寄さん」と呼んでいた。

僕が最初に「あれ？　こいつやばいな！」と思ったこと。番組内の人気企画で「1ヶ月1万円生活」があった。色んな芸能人が1カ月を1万円で生活する企画なのだが、友寄が担当するようになってからその企画の雰囲気が変わってきた。

あるとき、朝の4時に携帯が鳴った。相手は友寄。僕は寝ていたのだが、こんな時間に電話があるなんてよっぽどのことだと思い電話に出た。

友寄は「1ヶ月1万円生活」で大野幹代さんという元アイドルの方を担当していたのだが、「大野さんに自然の鯉を捕りに行かせたいんですが、鯉をモリで突くのと、網ですくうのとどっちがいいですかね？」という相談だった。

こんな時間に相談すること⁇

彼はそんな時間に一人で考えていて、悩んだから電話してきたのだろう。多分、朝4時だってことを忘れてる。僕は寝ぼけ眼で「さすがに女性がモリで突いてたら視聴者がヒクんじゃないの？」と言ったら、友寄は納得した。

その数日後、夜中の2時頃の電話。「大野さんがめちゃくちゃ鯉をすくいました」ととんでもなく興奮していた。そのくらいから「こいつかなりクレイジーだな」と思い始めた。

友寄が「1万円生活」の担当になってから、安い食材を調理するだけではなく、自然の物を捕獲しに行く要素がどんどん足されていった。

友寄はその「1万円生活」でよゐこの濱口優さんを担当し、大野さんの時に出来なかった「モリで魚を突いて捕る」ことも実現した。結果、「1万円生活」はどんどんワイルドなものになっていき、無人島で生活する企画に変わっていき、人気企画となった。

友寄がディレクターを担当してから、番組の勢いが加速し、おもしろみがさらに増していった。

あるとき、友寄が会議で「今度、濱口さんで、青森に巨大なタコを捕まえにいこうと思います」と言った。僕が「え？　どのくらい大きいの？」と聞くと、２mは超えるタコがいるという。それを濱口さんなら捕まえることが出来ると。

僕はそれを聞き、「いやいや、２mを超えるタコが姿を現すわけないし、そんな簡単に捕まえられるわけない」と否定した。

が、１カ月後、テレビの中で、濱口さんが巨大タコを捕まえている映像が流れた。しかも、暴れるタコを濱口さんがヘッドロックして海中で戦うという衝撃映像だったのだ。

友寄の言っていたことは本当だった。

実は友寄はかなり入念なロケハンを行う。青森の海岸で大きなタコが発生していて、しかもロケしやすい場所に出てくる。ここに濱口さんを行かせれば撮影出来ると分かっていたのだ。

この頃、僕は彼のことを会議で「友寄さん」と呼んでいたのだが、年齢を聞くと僕より下だということが分かった。「え？　俺より年上でしょ？」と聞くと、彼はこの業界に19歳で入って、年齢でナメられることが多かったので年を上にサバ読んでいたことが分かった。そんなやつに初めて会った。なので、その日から『サン』を返せ」と言って、友寄と呼んでいる。

友寄はタレントに無人島生活をやらせるとなったら、実際にその無人島で暮らして、どんな生活が出来るかを徹底的にシミュレーションする。そんな彼のもとには沢山の若手ディレクターが付いていった。

誰よりも体を張って試す。本人曰く、無人島で死にかけたことも何度かあるという。自分が死にかけたからこそ、タレントにやらせてはいけないギリギリが分かる。

そんな友寄が、テレビ朝日50周年の「ＳＭＡＰ☆がんばりますっ!!」という番組で木村拓哉さんの企画を担当することになった。

テレビ朝日で深夜に放送されていた「全力坂」というシュールな番組を元にして、「木村拓哉の全力坂」というタイトルで木村拓哉に港区の坂を50本、１日で走らせるというハードな企画だ。

その企画を木村拓哉さんにプレゼンしに行った日。友寄が企画書を見せると、木村さんが険しい顔をした。「これ、坂を全力で50本走るってこと？」若手芸人ではない。木村拓哉にプレゼンしているのだ。友寄は真っ直ぐ見つめて「はい」と言う。

そして木村さんは友寄に聞いた。「これ実際50本走ったの？」と。走ってないと思って聞いたのだろう。友寄は言った。「僕、1日で走ってきました。実際は72本あったので、72本走ってきました」。木村さんは言った。「それ、言われたらやるしかねえじゃん」と。

「木村拓哉の全力坂」はおもしろく、話題になった。

それから時を経て、「SMAP☆がんばりますっ!!」の第2弾をやることになった。当時、木村さんは「宇宙戦艦ヤマト」の実写映画「SPACE BATTLESHIP ヤマト」が公開になるところだった。友寄は自分で考えた企画書を木村さんに出した。その名も「ヤマトだけに年末年始ヤマトではなくトマトだけで乗り切る生活」。それを見た瞬間、木村さんは噴き出した。あまりにも馬鹿馬鹿しくて。

忙しい年末にトマトだけ食べて生活するのだ。他の物は一切食べてはいけない。かなりハードである。

友寄はそこで、トマトにも色んな種類があると、色んなトマトを出し始めた。木村さんは、険しい顔をして言った。「これ、誰かやったの？」と。

すると、友寄は、数字を書いたメモを出した。「僕、実は今日まで1週間、やってきました」と。

　そこには自分の体重の推移などが書いてあった。トマトしか食べてないのでかなり減っている。木村さんは驚いて聞いた。「え？　しんどくないの？」と。友寄は真っ直ぐ目を見て言った。「めちゃくちゃしんどいです」と嘘偽りなく。そして「今、どうなの？」と聞かれ、「フラフラです」と答えた。そして木村さんは言った。「じゃあやるしかねえじゃん」と。本当にやることになった。

　このあと友寄は、自分も出演者としてテレビに出るようになるのだが、この木村拓哉さんとの経験がさらに彼を追い込むことになる。

「いきなり！黄金伝説。」終了後、「陸海空　地球征服するなんて」が始まった。友寄は取材班の出演者としても出始め、世界各国に行くようになる。

　彼は誰よりも体を張った。どんな場所のどの部族と出会っても、その文化を受け入れる。嫌がるリアクションなどしない。

　アマゾンの部族のもとに行った時には、現地の川の水も平気で飲むし、巨大カタツムリを何の疑いもなく生で食べて粘液を顔に塗りまくる。「部族の人たちが昔から好んで食べているものは不味(まず)いわけがない」と感謝して食べる。

彼はどこに行っても、その土地に住む人たちがやっていることと同じようなことを普通にやる。彼のこの行動を見た部族の人たちは彼のことを認める。まるで仲間のように。認めるから、それまで絶対に撮影させなかったところも撮影させてくれたりするのだ。

ちなみに、彼は抜群の運動神経を持っているが、それだけではない。料理もうまいし、絵もうまい。楽器も出来るし歌もうまい。なんか、こんな人いたなと思う。そう、「ミッション：インポッシブル」のトム・クルーズだ。僕は友寄のことをスパイなんじゃないかと本気で疑ったこともある。それくらいなんでも出来てしまう。

そんな友寄がある部族に会いに行った時に、大変な事件を起こす。

ペルーのシピボ族が暮らす村に行った時、その村の女性から、絶対に取れないと言われているウィトという果物の汁を「美容に良い」と嘘をつかれて全身に塗ってしまった。ちょっとだけ塗ればいいのに、塗りまくってしまった。おそらく相手は友寄が本当に塗るとは思っていなかった。

すると塗ったあとに、友寄の肌の色がどんどん黒くなっていってしまったのだ。体だけでなく顔もだ。顔まで黒紫色になった友寄のことを、スタジオの出演者が「ナスD」と呼んだことから、破天荒のディレクター・ナスDとして、出演者としてもかなり有名になっていってしまう。

結果、その色は2週間落ちなかった。普通だったらめちゃくちゃ焦るだろう。でも、友寄は焦ることはなかった。

友寄に聞いたことがある。「もし、あれ落ちなかったらどうしたの?」と。すると友寄は言った。「覚悟を決めました」と。いやいやいや、覚悟を決める決めないの問題ではない。

だけど、彼は覚悟を決めて、落ちなかったらそれで仕方ないと思ったのだ。つまり、そのまま一生生きると決めたのだろう。普通は焦って、騒ぐのだが、ナスDはそうではない。

受け入れてしまったのだ。やはりナチュラルクレイジーだ。

僕が一番衝撃を受けたのは、ペルーの戦闘民族の村に行った時。友寄率いる取材班は、川の奥にある村に行く予定だった。その村の18歳の少年のガイドも雇っていた。一番奥の村に行くには、10個ほどの村を越えていかなければならなかった。船に乗り、奥の村まで向かおうとした時だった。その手前の村で事件が起きた。

本当は、村ごとにきちんと挨拶し、許可を取って越えていかなければならなかったのだが、それを知らなかった取材班に、ある村の部族の人たちが怒りだしたのだ。

怒るだけならまだいい。その村人たちはある行動に出た。なんと、家にあった散弾銃を持ってきて、取材班の船に向かって撃ったのだ。

向こうは威嚇のつもりだったかもしれないが、銃である。当たれば間違いなく大けがを負う。死ぬかもしれない。だって銃なんだから。

相手が散弾銃を撃った時に、友寄は立っていたスタッフの背中を引っ張って、押さえつける。弾が当たらないように。もう戦場である。

結果的に、銃弾は当たらなかったが、友寄率いる取材班は、その村で拘束されてしまった。村から出ることが出来なくなってしまったのだ。

しかも、数時間ではない。一晩だ。

友寄たちが許可なく入ってきたことに村人たちは相当怒っている。友寄は拘束されたときにこの先どうなるか分からずめちゃくちゃ不安になったという。おそらく自分のことよりもスタッフのことを心配したのだろう。

一晩まるまる拘束された彼らだったが、一緒にいた一番奥の村のガイドが、夜中、そこから逃げ出して、自分の村まで走ったらしいのだ。とんでもない距離を一晩掛けて走って行った。

ガイドは村の仲間たちを連れて、友寄たちを救出に来た。手ぶらで来たわけではない。散弾銃と大きなナタを持って駆けつけた。つまり戦闘態勢でやってきたのだ。死ぬ気で助けにきてくれた。戦うつもりで来たのだろう。

この助けにより、友寄たちは解放されて、奥の村に進むことが出来たのだという。そして、この一部始終がテレビで放送されることになる。

実は放送前、コンプライアンス的に危険だから流すべきではないと言う人たちがいたらしい。正直、僕も見たときに「よく、これ放送したな」と思った。

あとで友寄に聞くと、上層部の方が友寄の頑張りを無駄にしたくないと、自ら動いて放送するようにしてくれたのだと。なんて素敵な上層部。

この原稿を書くにあたり、久々に友寄に電話をした。顔がナス色になったり散弾銃を発砲されたり、なんで、命を懸けてそこまでやるのか？　と尋ねると、彼は言った。

「だって木村拓哉さんが坂を50本走ったり、トマトだけで3日生活したりしてるんですよ？　日本一の木村拓哉さんがそこまでやってて、裏方の自分が出演者としても出るとなったら、死ぬのも覚悟して出なきゃ駄目だと思ったんです」と。

「死ぬ覚悟で」と喩えで言う人はいるが、彼は本気で言っていた。喩えじゃない。

僕は彼のことをナチュラルクレイジーだと思っていた。だけど、彼の話を聞いていて思った。

クレイジーという言葉なんかでまとめては駄目だなと。

彼はテレビでおもしろい物を作ることに本気なのだ。そして命を懸けておもしろくしようとしているのだ。

命を懸けて物を作る人が本当にいる――。

うん、やっぱりクレイジーだ。だからおもしろい。

タレントに汗をかかせる

10年続く番組を作った鶴瓶のマネージャー

僕がこの業界で最も尊敬するマネージャーさんは、ＳＭＡＰのマネジメントをされていた飯島三智さんと、もう一人、笑福亭鶴瓶さんのマネジメントをされているデンナーシステムズ社長の千佐隆智さんだ。

千佐さんは松竹芸能時代から鶴瓶さんのマネジメントを行い、独立し、会社を立ち上げ、ずっと鶴瓶さんのマネジメントをしている。

鶴瓶さんが芸能界で独特のポジションを確立し、その才能を発揮し続けているのは、千佐さんのマネジメントによるところがとても大きいと思っている。

２００９年にＴＢＳで始まった「Ａ－Ｓｔｕｄｉｏ」は、笑福亭鶴瓶さんがＭＣとなり、毎回スタジオに来るゲストの素顔に迫る番組である。

僕はこの番組を、立ち上げから6年近く担当させてもらった。千佐さんから「鶴瓶の新番組始めるから」と誘っていただいたのだ。

千佐さんは最初の会議で、「これから鶴瓶が10年は続けられる番組を作ってあげたい」と言った。この「作ってあげたい」という言葉に、愛が深いなと感じた。

毎回、大物ゲストがやってきてトークをするのだが、正直、ゲストトークの番組はテレビには沢山ある。その中で、笑福亭鶴瓶ならではの番組を作りたいという千佐さんの思いは大きかった。

ゲストが出演する番組は、そのタレントさんにアンケートを書いてもらい、それを元に番組を構成していくことが多い。いつからか、このアンケートの量がどんどん増えていき、場合によってはかなりの時間を要するようになった。

番組によっては「Q：最近、腹が立ったことは？」「Q：最近、イライラしたことは？」と、広い意味では同じような質問が並ぶこともある。これは番組サイドからすると、同じようなことでも少し違う聞き方をすることで、忘れていたことを思い出すことがあるからだ。

番組の会議ではタレントさんから上がってきたアンケートを読んで中身を決めていくのだが、人によってはあまり書いてくれないこともある。正直、印象は良くはない。逆に、沢山書いてくれている人の印象は当然良くなる。

このように、タレントさんにアンケートを書いてもらって番組を作るのが、当たり前の文化になっていた。

千佐さんは鶴瓶さん以外に他のタレントのマネジメントもしているのだが、そのタレントさんが、アンケート書きにかなりの時間を取られているのを見ていた。

だから千佐さんは、「この番組にはゲストがアンケートも書かずに手ぶらで来られるようにしたい」と言った。「ゲストがアンケートを書く代わりに、鶴瓶が汗をかけばいい」と。

スタジオに来て司会をするだけではなく、鶴瓶さんに汗をかかせたいと。

そこで、会議で考える。さすがにゲストが当日来て、鶴瓶さんと話すだけでは、不安である。

まず、ゲストにアンケートを書かせる代わりに、ゲストのことをよく知る人に鶴瓶さんが話を聞きに行くということが決まった。

だが、鶴瓶さんが取材に行くのを普通にカメラで収録して、そのＶＴＲをスタジオで見たら、ゲストのトークの尺が少なくなっていくし、なにより既視感のある番組になる。

正直、僕は、ＶＴＲにするしか方法はないと思っていたのだが、総合演出を手掛けるケイマックスの工藤浩之さんは、首を縦に振らない。工藤さんは千佐さんと長年、番組を作っている人だ。

答えが出ないまま時間が過ぎていく中、工藤さんが思いついた様子で言った。「鶴瓶さんが取材に行ったのをＶＴＲにするんじゃなくて、写真だけで出したらどうかな？」と。

写真!? 逆に？

鶴瓶さんがゲストと関係のある人の所に行き、それをＶＴＲにするのではなく、写真で撮影するだけ。

斬新だと思った。鶴瓶さんがその人に会いに行った証拠写真だけ出せば、ゲストは驚いてリアクションする。そしてそこで話した内容は、鶴瓶さんがスタジオで話せばいい。

だけど！ だけどだ！ そんな番組を見たことはない。なぜなら費用対効果が悪すぎる。鶴瓶さんが取材に行く相手は1人じゃない。場合によっては、遠方に行くことにもなる。それを撮影するだけで番組が何個も出来るかもしれない。

だけど、千佐さんは「それがいい」と言った。2週に1回、スタジオで収録がある。そこで2人分の撮影。それ以外に、ゲストの関係者に取材に行くだけで、何日も必要になる。

普通のマネージャーなら絶対に嫌がる。

だけど、千佐さんはそれをやらせたいと言った。

この「A－Ｓｔｕｄｉｏ」の会議のおもしろいところは、マネジメントをする千佐さんも出席することだ。

会議で内容を固めて、関係者の取材日程の話になると、千佐さんが手帳を出して、その場でスケジュールを切っていくのだ。

通常だと、会議で決めたことを、後日マネージャーに相談し、スケジュールが出てくる。でも、千佐さんはそれだとタイムラグが出来て、スタッフが困ると考えたのだろう。

会議に出ればその場で決めていけるのだ。スタッフとしてはありがたい。

僕が知る限り、マネジメントをする人が会議に出て、スケジュールをその場で決めていってくれるのは、「A－Ｓｔｕｄｉｏ」だけだ。

結果、ゲストは毎回スタジオで鶴瓶さんの取材写真を見て驚き、ついつい話してしまう。

鶴瓶さんが「わざわざ」行っているのだから、ゲストは他で話してない話も話す。

こうして唯一無二の番組が出来上がった。

ちなみに、「A－Studio」では、鶴瓶さんが番組の最後にスタジオの真ん中で一人で立って、取材で分かったその日のゲストのちょっといい話をする。

ゲストはそれを、スタジオの裏でモニターで見ている。

この構成は僕が提案させてもらった。最後の最後に鶴瓶さんしか出来ない番組になるからだ。

鶴瓶さんの話を聞き、ゲストは涙することもある。

この鶴瓶さんの最後の話を「あれ、いらないんだよなー」という芸人さんやタレントさんがいる。

最後に感動させようとする作りが必要ないと言いたいのだろうが、僕は、ああやって否定するのはちょっとした嫉妬だと思っている。

僕は、番組は「癖」がないといけないと思っている。癖があるから記憶に残る。

「嫌い」は「気になっている」証拠だ。

会議で僕がこの構成を提案した時に、最初に乗ってくれたのも千佐さんだった。

鶴瓶らしい！　と。

マネジメントというのは、タレントを守ることも仕事だが、面倒くさいことをさせるのも大事な仕事だと思う。

とてつもなく面倒くさいことをさせることによって、「Ａ－Ｓｔｕｄｉｏ」は、笑福亭鶴瓶の芸人としての、人としての武器を全て見せることが出来る新たなトーク番組となった。

千佐さんがあの時言ったように、番組は、開始から10年を超えている。

第四章

スター&レジェンドとは

テレビは事件を求めている

沢尻エリカ「かぶき者」の魅力

フジテレビ「SMAP×SMAP」では、木村拓哉さんだけが楽屋を使わずに、スタジオのすぐ手前にある前室で、スタッフと話したりしながら、そこで着替えたりしていた。それにより、彼は技術さんや美術さんとも仲良くなり、関係性を作っていった。それが木村拓哉流。

僕は木村拓哉さんと新しいコントや企画の打ち合わせをする時は、この前室で行っていた。

番組20年の歴史の中で、そこで話し合って沢山のコントや企画が生まれていった。その日も、新たなコントの打ち合わせを僕とディレクターと木村さんでやっていた。この日提案したのは、「木村拓哉が当時流行り始めていたギャル店員になる」というコント。でも木村さんは、この提案に「う～ん」と悩み、首を縦には振らなかった。

そもそもは、木村拓哉がギャル男になったら刺激も強いしおもしろいでしょ！　という単純な発想から生まれていた。ただ、こうやって、「木村拓哉が〇〇になったらおもしろいんじゃない⁉」という単純な発想のものに対して、木村さんはノラないことが多かった。そのコントで自分がどういう展開をしていったらおもしろいのか？　ということが見えてこないとノラない。ただ単純にコスプレして刺激を与えるだけのものには慎重になった。

そんな打ち合わせ中に、次に収録する「ＢＩＳＴＲＯ ＳＭＡＰ」のゲスト、爆笑問題さんがスタンバイのため前室にやってきた。太田光さんは、打ち合わせで悩む木村さんの姿を見ると、「どうしたの？」と興味津々。僕がギャル店員のコントをプレゼンしていることを話すと、すぐに太田さんが「やった方がいいよ！」と言ってくれた。そして「『スマスマ』はね、事件が見たいんだよ」と言った。「木村拓哉がこれをやったか！　っていうのは事件でさ、毎週何かしらの事件が見たいんだよ」と。太田さんのアシストのおかげで木村さんもノッてくれ、コントは作られ人気となった。

太田さんの「事件」という言葉で、僕はハッとした。「スマスマ」だけじゃない。テレビっていうのは事件を見たいんだ。事件を求めて毎週見ていたんだ。僕が子供の頃に見ていた「ザ・ベストテン」も「とんねるずのみなさんのおかげでした」も今週、何が起きるんだろうとドキドキしながら見ていたし、何か事件が起きたときにはとてつもなく興奮し、翌日の学校はその話題で持ちきりになった。太田さんの言葉であらためて僕は「テレビ×事件性」ということを考えるようになった。

やはり視聴者は事件性を求めている。小さなところで言うと、芸能人が初めて自分の年収を発表する！　なんてことも事件だし、タレントさんが過去に付き合っていたことを発表したりするのも事件であるが、その人間自体に「何か起こしそうな感じ」がある人が見たいのだと思う。たとえば、ＹＯＳＨＩＫＩさんや市川團十郎さんなんかがテレビに出ると事件を期待してしまう。現役時代の朝青龍がテレビで求められていたのもそれだろう。僕はそういう人たちを「かぶき者」と呼んでいる。

そして沢尻エリカさんである。沢尻エリカさんにも、僕は同じ魅力を感じる。僕は女優さんとしてあの方のお芝居がとても好きだ。だが、それ以上にトーク番組に出演した時などの発言にドキドキしてしまう。だからこそ、よりお芝居に惹かれてしまう自分がいる。

今から書くことは、ずっと胸に秘めていたエピソードだ。僕は２００８年に公開された映画「ハンサム★スーツ」の脚本を担当した。ドランクドラゴンの塚地武雅さん演じるモテない主人公が、ハンサムになれるスーツを手に入れ、それを着て別人のような男になるという物語。このハンサムを谷原章介さんが演じている。

女性の一番手としてオファーしたのは北川景子さん。当時、若手女優として人気が出てきた頃で、この映画のヒロインにピッタリだと思い、プロデューサーの山田雅子さんから当たってもらった。しかし残念ながら、どうしてもスケジュールが合わず、出演は難しそうということになった。でも、脚本を読んでくれた事務所のスタッフが、この企画と脚本をおもしろがってくれて、なんと、沢尻エリカさんに脚本を見せてくれたのだ。

そうしたら沢尻さんがまさかの「OKをした」という。

当時の沢尻エリカさんと言えばドラマや映画でもヒットを出し、大人気女優になっていた。僕にはオファーする選択肢すら浮かばなかったが、まさか沢尻さんが出てくれるなんて、とテンションは上がるばかりだ。

このときはまだ「別に」事件の前である。沢尻さんと言えば映画「クローズド・ノート」の公開日に舞台の上で「別に」と発言し、かなり話題になった。あの日から沢尻エリカの見え方は「お騒がせ女優」となったのではないか。

女性の一番手が沢尻エリカさんに決まり、撮影が刻一刻と近づいていた時だ。山田プロデューサーに「沢尻さんが一度会って、脚本の話をしたがっている」と言われた。

僕は嫌な予感がした。

あの日は土曜日だった。夕方前、僕と山田プロデューサー、英（はなぶさ）勉監督の3人で事務所に伺った。その会議室には、すでにいらっしゃっていたのだ。沢尻エリカさんが。

初めての沢尻さん。若いのに「女優」のオーラをまとっていてやはり魅力的だなと思った。

だけど、そこに笑顔はなく、不安が大きくなる。

まず僕が口火を切るしかなかった。「今日は、脚本についていくつか話したいことがあるということで」と言うと、沢尻さんは僕の目を見た。緊張感がさらに高まる。

一体何を伝えたいのか？　沢尻さんが口を開いた。

「この脚本と私のコメディーセンスにズレが出てきました」

え！！！！！！！！！！！！

やっぱり、来た！！！！！！

その一言を聞き、僕は「これはもう駄目だ」と思った。

その少し前に、沢尻さんはとある男性と付き合っていると週刊誌に出た。ハイパーメディアクリエイターと言われていたあの人である。これは僕の勝手な推測でしかないが、当時沢尻さんがお付き合いしていた恋人の影響を受けて、気持ちが変化したのではないか。

僕は心が折れたが、山田プロデューサーと英監督はなんとか場をとりなそうと、「沢尻さんはどういうコメディーが好きですか？」と聞いている。沢尻さんはアメリカのドラマを例に挙げて説明してくれたが、今更、彼女が求めているようなコメディードラマになど直せないし、直したくない。

1時間ほど話はしたが、会議室を出ると僕は「諦めましょう」と早々に言った。撮影がまああ近づいてきた中で、我々は主演女優を失った。

事務所側がこのことを申し訳ないと思ってくれて、結果的に、最初にオファーしていた北川景子さんのスケジュールを無理矢理調整してくれた。撮影時期は後ろ倒しになったものの、北川さんが素晴らしい演技をしてくれて、映画はとてもいい作品になり、スマッシュヒットした。

実は、僕らが沢尻さんに断られたのは、ある事件が起きた日だった。僕が事務所から出て携帯ニュースを見ると、沢尻さんの記事が出ていた。沢尻さんの主演映画の公開日だったこの日に、舞台挨拶で発言したことが問題になっていたのだ。

そう！　僕らが沢尻さんに会って断られたこの日が、なんとあの「別に」事件の日だったのだ。ある意味、沢尻エリカさんの人生を大きく変えた発言の数時間後に、僕たちは沢尻さんに会っていた。しかも大事な仕事のターニングポイントとして。今となっては超貴重な日。

その後、僕が脚本を書いた「新宿スワン」という映画に、沢尻エリカさんが出演することになった。完成披露試写会で、僕はあの会議室以来、沢尻さんに会った。沢尻さんはあの日、僕に会ったことを覚えているはずだと思ったけど、そんなことを向こうも言われたくないはずだ。だから僕は笑顔で言いました。「初めまして」。

そう言うと沢尻さんは笑顔で言いました。「初めまして。沢尻エリカです」。

さすがは女優。魅力的である。

やっぱり僕たちは「かぶき者」に魅了される。今の時代に減ってきたかぶき者を、僕たちはテレビで見たいのだ。

常に勝負する緊張感
緒形拳のスイッチを入れた木村拓哉

フジテレビ「SMAP×SMAP」は1996年の4月に始まると、初回から視聴率が20%を超えて、人気番組になっていった。

番組の勢いが増していくと、中々バラエティー番組に出ない俳優さんたちがどんどん出てくれるようになった。

番組開始から1年半。「BISTRO SMAP」に高倉健さんの出演が決まり、大きな話題になった。映画以外のメディアにほぼ出ることのない高倉健さんが出演してくれたことにより、番組の価値はさらに上がった。

その2週後には2時間を超えるスペシャル版が放送され、「BISTRO SMAP」には、宮本信子さんと伊丹十三さんが夫婦で出演してくれた。

そして、高倉健さんに続いて、日本俳優界のもう一人の「けん」が出演してくれることになった。緒形拳さん。緒形拳さんもバラエティーに出ることはあまりなかった。出演するのは「エッグポーカー」という企画。

ＳＭＡＰのメンバー数人が毎回、ディーラーとなり、ゲストと卵を使ったゲームをする。

３つの生卵があり、ゲストが１つの卵に×印を付ける。ディーラーがその卵を後ろ向きにしてシャッフルして、ゲストの目の前に置き、ゲストは自分が×印を付けた卵を当てるという心理ゲーム。これ、僕が考えたゲームで、一見たわいもないのだが、出演してくれた人はみな熱くなる。

ゲストが負けると生卵を１個、ディーラー側が負けると生卵を３個、ジョッキに入れて一気飲みしなければならなかった。それもまた熱くなる理由だ。

このコーナーに緒形拳さんが出てくれると決まったときは、会議室が沸いた。

ＳＭＡＰは２チームに分かれ、最初のディーラーは木村拓哉さんと草彅剛さんとなった。木村さんは、ドラマ「ギフト」で緒形拳さんと共演していた。

緒形拳さんはスタジオに入ってきた時から笑顔を見せず、なんだかなにかの役を背負っているかのようだった。

収録が始まり、木村拓哉さんと草彅剛さんが緒形拳さんと向かい合う。

緊張感がさらに高まる。

草彅剛さんが緒形拳さんと勝負をすることになった。

その回はスペシャルということもあり、大きなダチョウの卵も置いてあった。僕らは飲ませる用としてではなく、話題の一つになればいいやと置いておいたのだ。

草彅剛vs緒形拳のエッグポーカーは熱い心理戦が繰り広げられて見事、緒形拳さんが勝利した。

ここで本来なら負けた草彅さんが生卵3個をジョッキに入れて一気飲みするのだが、緒形拳さんは「こっち飲むだろ?」となんとダチョウの卵を指したのだ。

話題の一つになればいいと思って置いておいたダチョウの卵を、しかも生で飲まなきゃいけない空気になってしまった。

最初は冗談で言ってるのかなと思ったが、緒形拳さんは本気だった。

そうなるとバラエティー的には逃れることは出来ない。

草彅さんのジョッキにダチョウの卵が注がれる。ジョッキの半分くらいで十分だったのに、ジョッキ一杯、なんと生卵10個分。

草彅さんはそれを飲まなければいけなくなり、一気に飲み始めたが、とんでもない量があるわけで、すぐに限界が来た。

でも、途中で終われる空気じゃない。すると、木村さんがジョッキを取り、飲むことに。

最後に助けにきたヒーローかのように。

その木村さんの姿に緒形拳さんは「友情溢れるメンバーだね。助けてやろうか？」と言った。

木村さんはその言葉を聞き、ジョッキを緒形拳さんに向けると、ここで、予想外のことが起きた。

なぜか、緒形拳さんが木村拓哉さんの頬に強烈なビンタを放ったのだ。

パシーンじゃない、ガシーン。

マジ、ビンタだ。重く響く。まさに緒形の「拳」。

僕もスタジオのサブで見ていたのだが、なんでこうなったのかがまったく分からない。

プロデューサーたちも、収録を止めた方がいいんじゃないかという空気になる。

すると、ビンタをされた木村さんは、キレることなく、「いって……」と言い、「これだよこれ！　これが『ギフト』の撮影中にもあったんだよ」と、草彅さんに呟く。

緒形拳さんって人はこういう人なんだ。こういうことを「ふざけてやる人なんだよ」

というような空気にする。

つまり、これが緒形拳なりのジョークなんだという雰囲気に仕上げる。

木村拓哉さんは、ジョッキの生卵を一気に飲み干した。

すると、緒形拳さんもようやく拍手。スタッフも、無理矢理大拍手。

終わった。何とか無事に終わり、緊張感がようやくほどけた……と思いきや、ここで緒形拳さんが一言、「もういっぱいいくよね？」。

スタジオが再び氷河期に突入。

だが、さすがにそれが強烈すぎるジョークであることがわかり、コーナーは終了した。

収録したものをディレクターがめちゃくちゃ頑張って編集して、おもしろくして放送したが、今、思い出しても、あの時のスタジオには殺伐とした緊張感が漂っていた。

緒形拳さんがあの時、なぜビンタをしたのか分からない。だが、もしかしたら、数々の修羅場をくぐり抜けてきた緒形拳が、当時、人気出まくりの俳優・木村拓哉に対してバラエティーの企画を通して、役者としての「全力の遊び」を仕掛けたのかもしれない。

いずれにせよ、木村拓哉と向き合うことで緒形拳のスイッチが入ったことは間違いない。

木村拓哉という人は弱音を吐かない人だ。それはそれでとてつもなく疲れると思うが、彼はその人生を選んで生きている。

もしかしたら若い時に様々な現場で、力のある先輩たちに様々な戦いを挑まれていたのかもしれない。

それに迎合せず、逃げずに戦ってきたからこそ、彼もまた、仕事をする相手に馴れ合うことなく、一回ずつの勝負を求めてきたのかもしれない。

そして、僕も、彼と濃密に仕事をしていた20年間、緊張感を持っていた。

この数年感じていた物足りなさはそれなのかもしれない。

木村拓哉という人と本気で仕事した人は、あの緊張感ジャンキーになっていた気がする。

僕は放送作家を辞めたあとも、ずっと見ていたい。同学年の彼の生き様を。

スターは全て持っていく
浜崎あゆみとの駆け引き

芸能界には沢山の歌手・俳優・芸人・タレントがいるが、その中で「スター」と言われる人はごく一部。浜崎あゆみさんは、ブレイクしてから今までずっとスターである。

フジテレビ「FNS歌謡祭」の現場で浜崎さんをお見かけしたことがある。自分の出番が近づき、とんでもないロングドレスを着て廊下を歩いていたのだが、浜崎さんのドレスのスカートを持って歩いていた人が浜崎さんばかりに気を遣い、近くのとある有名アーティストにぶつかったにもかかわらず、一言も謝らずに去っていき、そのアーティストがめちゃくちゃ怒っていた。もちろん浜崎さんは気づいてない。

あのドレスを着て歩く姿を見て、スターだなーと思った。

2020年、テレビ朝日で放送された「M　愛すべき人がいて」という連続ドラマは僕が脚本を書かせて貰った。

　このドラマが製作される2年ほど前だったか、サイバーエージェントの藤田晋社長との会議で、このプロジェクトのことを聞かされた。浜崎あゆみさんの半生を元にした『M　愛すべき人がいて』という名の本を出すこと。そしてそれをテレビ朝日でドラマ化すること。

　浜崎あゆみさんとＡｖｅｘの松浦勝人さんが出会ってからの関係がベースになっている物語。誰もがちゃんと認めたことはないことを、本にして、ドラマ化する。最初は良質な大人の恋愛映画のような作りをみんながイメージしていた。会議では、主人公のアユ役はＡｖｅｘ所属の沢尻エリカさんがやるのが話題になるしいいんじゃないかなんて話をしていた。

　そして、本が完成し発売され、狙い通りに大ヒットした。ドラマ化することも発表になった。

　当然、「アユ役は誰だ？」ということになる。Ａｖｅｘ側からは、安斉かれんという新人アーティストにアユ役をやらせたいという希望が来た。

　僕は名前を存じ上げていなかった。「演技経験はあるんですか？」という質問に対して、「今、レッスンに行ってます」と返って来た。

おそらく、名のある人よりも、新人を抜擢した方が、デビュー当時のアユ感が出ると考えたのだろう。確かに、サクセスストーリーはすでに売れている俳優さんがやっても、どこかしっくりこない。中島美嘉さんが女優としてデビューしたドラマ「傷だらけのラブソング」のように、新人の方がリアリティーがあり、ドラマのヒットと共に、出演者もブレイクしていくという夢がある。

撮影が近づいてきて「やっぱり安斉かれんで行ってほしい」という強い要望があったので、結果、みんな納得してアユ役は安斉かれん。マサ役は僕も一緒に作品を作った経験が何度かあった三浦翔平君になった。

安斉かれんさんになると決まった時点で僕はいくつかリクエストさせて貰った。アユとマサのラブストーリーだけではなく、90年代の芸能界の裏と表が垣間見える話にしたいということ。それはＯＫしてもらえた。

そして自分の中で「良質なラブストーリー」ではなく、とにかく、見てる人がＳＮＳで突っ込みたくなるような、そんな余白のあるドラマにしたいと思った。僕は80年代の大映ドラマが大好きだったので、堀ちえみさんの演技が話題になった「スチュワーデス物語」を彷彿させるものにしたいと。

ただ、この時点では、みんなのイメージする完成形は違った気がする。そして、脚本を書いて、撮影して、放送になる。

安斉かれんさんの新人丸出しのお芝居は、まさに昔の大映ドラマのようで、僕は「いいね、いいね」と思った。三浦翔平君演じるマサの無駄すぎる熱さ、田中みな実さんの怪演。

緊急事態措置に入ったばかりで在宅率も高い。その中で、このドラマは、SNSがかなり沸いた。突っ込みまくっている。

放送をリアルタイムで見ていたのだが、エンドロールになった瞬間、ある人からLINEが来た。秋元康さんからだった。一行「これはバズるな」。その一言で、とても安心できた。

だが、その直後にもう一通LINEが来た。三浦翔平君から「これ、大丈夫なんですか？」と。

気持ちはわかる。三浦翔平君はおそらく「良質なラブストーリー」というイメージだったのだろう。

だけど完成品を見たら、それとは全然違う。SNSも突っ込みまくっている。不安になったのだろう。

放送が2話、3話と進み、SNSでの突っ込みもどんどん増えていく。

世の中ではどんどん話題になっていったが、僕にはめちゃくちゃ気になることがあった。松浦さんはドラマについてインスタなどで発信してくれていたのだが、浜崎さんが何も触れていない。何も言わない。

すると風の便りで、どうやら浜崎さんがドラマの内容に怒っているらしいと聞こえてきた。噂なので本当かどうか分からない。だが、一つ言えるのは、僕が浜崎あゆみさんなら絶対怒る。「私の人生、こんなんじゃないもん」と。

最終回直前になり、僕は毎週連載している自分のエッセイで思い切って書いた。「僕自身が一番心配しています。めちゃくちゃ怒ってたらどうしよう……とか。ドラマについて何も語ってないことが、また興味の対象になってしまっている部分もあります。僕の妄想としては、最終回が終わった後に、インスタとかで『このドラマ、最低だけど最高！』なんてことを書いてくれたら、すべてがオールオッケー、脱糞するほど喜んでしまうと思いますが、それはないのかな~と思ったり」と。

正直言うと、僕の中での勝負だった。これを書くことで、浜崎さんの目に触れて、発信してくれないかなーと。でも、ないか……と思っていたら。

最終回当日。浜崎さんはインスタでコメントを出したのだ。そこには。「鈴木さん、それが、ありました」という書き出しで始まり、そして「ほんと最低で最高で、大嫌いで大好きでした。脱糞しないで下さいませね。携われた全ての皆様、お疲れ様でございました!!!『M』よ、静かに眠れ…」と。

この浜崎さんのコメントは一気に拡散されて話題になりました。これを見た人は思ったでしょう。「浜崎さんは最初から全部見てたんだ。わざと怒ってるようにしてたけど、そんなことない。懐深いね」と。

僕の想像ですが、多分怒っていたはずです。だけど、想像以上に世の中で話題になっていたので、最後に「ノッたフリをした」んじゃないか。

どうであれ、最終回が盛り上がったのは事実であり、スターは最後に登場して、全部持っていった。

ちなみに、僕は浜崎あゆみさんとちゃんと会って話したことはありませんが、そんなスターとの駆け引きが出来たとしたら、作り手としてこんなに幸いなことはありません。

どんな企画も徹底的に

ウィル・スミスが「SMAP×SMAP」に

フジテレビ「SMAP×SMAP」には、日本の女優・俳優が多数出演した。番組開始から10年近く経つと、出てない人が少なくなってきた。どんなに大物でも、やはり初回に出演した時の緊張感はなくなっていく。

そんな中、ハリウッド俳優のブッキングを始めた。かなり豪華なハリウッド俳優が出演することになったが、これはキャメロン・ディアスが出演したのがきっかけだった。

彼女は「BISTRO SMAP」に出たのだが、本当にご飯がおいしくて楽しかったと言い、なんと、沢山のハリウッド俳優仲間に「日本に行ったら『SMAP×SMAP』に出たほうがいい」と言ってくれたのだ。そのおかげで沢山のハリウッドセレブが出てくれることになった。

本国でもなかなかバラエティーに出ることのないニコラス・ケイジも、キャメロン・ディアスが言っていたからと出てくれた。

そして、ウィル・スミスもそうだ。ウィル・スミスは「ＢＩＳＴＲＯ ＳＭＡＰ」に出た後も、日本に来日するたびに「スマスマ」に出演したいと言ってくれた。「ＢＩＳＴＲＯ ＳＭＡＰ」から始まり、ゲーム企画などにも出演していただいたのだが、何度目かの出演の時に、ゲストがすでに決まっていて、ウィル・スミスに出てもらうコーナーがなかった。それでも熱望してくれたので、オープニングでやっていたコーナーへの出演をオファーした。

これは、ＳＭＡＰ５人の誰かが他のタレントに入れ替わっているというミニコーナー。たとえば、香取慎吾がアンタッチャブルのザキヤマに入れ替わっていて、香取慎吾になりきって話していたり。

この企画で、中居正広がウィル・スミスに入れ替わっていたらおもしろいと思い、オファーした。正直、さすがにこれはやってくれないだろうと思いつつ、簡単な台本を作った。

番組が始まると、中居正広の衣装を着たウィル・スミスがメンバーとともに立っている。

ウィル・スミスが「今週も『スマスマ』の時間がやってまいりました」といつものように始め、「寒くなってきたね、どう？　コロウチャン」と話を振り、中居さんが出て来ると「俺が中居だ」と言いあう。

この台本を作って送ったら、まさかのＯＫが出た。

だが、問題は収録当日に起きた。

ウィル・スミスが楽屋に入り、置いてあった英訳の台本を読んだ。

すると、一緒にいた関係者がプロデューサーを呼びに来た。

ウィル・スミスがそれまで出演したのは「ＢＩＳＴＲＯ ＳＭＡＰ」やゲームのコーナー。ウィル自体が事前に何かを覚えたりする必要はない。だが今回は、短いセリフがあった。ウィルはそれを見て「セリフがあるじゃないか」と思ったのだ。フリートークをすればいいわけじゃない。

こっちはちょっとしたコントのつもりでも、ウィルにとっては「セリフ」。ウィルは「今日は帰る」と言い出したのだ。「スマスマ」の収録は毎週、水曜日・木曜日だった。その日は水曜日だったので、ウィルは「今日は帰って、明日来る」と言う。プロデューサーはなんとか止めようとしたのだが、帰ってしまった。

事前にＯＫをもらっていたつもりだったが、本人はセリフがあるとは思っていなかったのだ。明日来るとは言ったが、絶対に来ないと思った。

その日の夜、プロデューサーのところにスタッフから連絡があった。「今からウィルのホテルの部屋に、監督を呼べないか?」と。監督とは、「間違いＳＭＡＰ」のディレクター・小倉伸一さんのことだ。

わざわざ呼び出して怒るのかもしれない。そう思った。だけど、ウィルに呼ばれたからには行かないわけにはいかない。小倉さんはドキドキしながら、ウィル・スミスの泊まるホテルに行った。

部屋に入ると、「間違いＳＭＡＰ」の台本が置いてあった。

そして、小倉さんに「やるならイントネーションも完璧にやりたいんだ。今から徹底的に教えてくれ」と言ったのだ。

セリフがあるなら、演じなければいけないと本気で思ってしまったのだ。

僕らは軽い気持ちで来てもらって、セリフをなんとなく言ってもらえればいいと思ったのだが、ハリウッド俳優ウィル・スミスはそれでは許せなかった。

小倉さんを自分の前に座らせて、一言一言どういうイントネーションで言うのが正解なのかを事細かに確認し、そして目の前で、繰り返す。

小倉さんが「今週も『スマスマ』の時間がやってまいりました」と言うと、ウィル・スミスが「コンシュウモスマスマノジカンガ」と言ってみるが、なかなか日本語のイントネーションにならない。そりゃそうだ。だけど、ウィル・スミスは何度も何度も練習する。

特に苦戦したのが「俺が中居だ!!」というセリフ。小倉さんはホテルの部屋で本気で「俺が中居だ!!」とウィル・スミスにやって見せた。

それを真似て、何度も何度も「オレガナカイダ」とやってみるが、納得いかないウィル・スミス。

小倉ディレクターの徹底指導を受け、なんと練習は2時間半を超えた。

ウィル・スミスはICレコーダーを出すと、「今夜、猛練習するから録音していってくれ」と小倉さんにお願いした。

翌日、ウィル・スミスはフジテレビにやってきた。いつも中居正広さんが立つ場所に立ち、収録が始まった。

そして、ウィル・スミスは完璧にやり切った。

その完成度にみんなが爆笑した。

きっと、小倉さんが帰った後も、何度も何度も練習したのだろう。

帰るときに、ウィル・スミスはメンバー全員と握手をした。

後で木村拓哉さんがスタッフに言ったらしい。「とんでもない手汗だったよ」と。

そう。手汗がびっしょりになるほど、ウィル・スミスは緊張していたのだ。

これまで数々のハリウッド映画に出てきた彼が、数分のバラエティー企画に、緊張して挑んでいたのだ。

どんなバラエティー企画であろうと、「演じる」となったら、魂を削って完璧にやりきらないといけない。それが「俳優」だと。

日本のトップスターが、世界のトップスターから学んだ瞬間だったと思う。

今、本音を聞きたい人
マツコ・デラックスにやってほしい企画

マツコ・デラックスさん。一度、自分が出演者として出ている番組にゲストで出ていただいたことはあるが、放送作家としてはマツコさんとお仕事をしたことがない。

2010年代に入り、テレビスターに駆け上がっていったマツコさんだが、僕は個人的にマツコさんのことを勝手にウォッチしている。

マツコさんは、SMAPが解散する前は、僕が構成していたSMAP、およびメンバーの番組に一度も出演してくれたことはない。もちろん何度もオファーしたが、叶わなかった。

業界で言うところの、ジャニーズの「本体」と言われていた人たちとは仕事をすることの多かったマツコさんだが、SMAPが解散したあとに、木村拓哉さんと仕事をし始めたので、正直、僕の中ではそんなマツコさんに「なんだよ！」と悔しさもあった。好きだからこそだ。ちなみに僕はマツコさんと同じ1972年生まれで、その共感も勝手にある。

マツコさんがブレイクしたきっかけは、毒気の強いキャラクターだと思う。人があまり言いにくいところを的確にツッコむ力と、その言葉の表現に毒が加わることで、マツコ流となる。

だが、マツコさんは、売れていくとともに、CMも増えていった。過去、タレントが売れていきCMが増えていくと、企業のことなどを気にしてそれまでのような発言が出来なくなり、消えていった人も見たことがある。

だから、マツコさんのCMが増えてきたときに、僕は勝手にマツコさんの毒気が消えていくんじゃないかと心配した。

だが、マツコさんはすごかった。マツコさんは番組でものを食べることも多い。この食べた時のリアクションや発言がその人のキャラとなることがある。

マツコさんは、褒めるのに毒気を足すことに成功したと思っている。

どういうことか説明すると、例えば、ハンバーグを食べるとする。「まずい、なにこれ！」だと、番組としては成立しない。逆に「なに、これ、おいしい」だけだとおもしろくない。

これが、マツコ流だと、ハンバーグを食べて「なによ、このうまさ、バカじゃないの!!」とか「いい加減にしなさいよ、このハンバーグ」と、褒めているのに、そのおいしすぎることにムカついたり毒を吐いたりするように見せるのだ。

そうすることによって、マツコっぽさ、マツコの毒っぽさは活かしたまま、褒めている。

売れ始めたころまでは、結構、毒を吐いていたが、マツコさんは、その毒気を変換するようになった。これが、マツコ・デラックスさんの本当にすごいところだと思う。かと思うと、TOKYO MXの「5時に夢中!」とかでは、時折、言葉のナイフで鋭く刺したりする。自分の刃は錆びてないというところをちゃんと場所を選んで時折見せる。それがネットニュースになる。

やはり非常にクレバーで巧みな人だなと思う。

マツコさんの良さが一番出ている番組は個人的には日本テレビの「月曜から夜ふかし」だと思う。VTRや出演者を含め、すべてに対し、マツコさんのツッコみ力がいかんなく発揮される。初期マツコの味をエンターテインメントの味付けで一番楽しむことが出来る。

そしてTBSの「マツコの知らない世界」もとても好きだ。彼女のアカデミックさと好奇心が生かされる番組だ。マツコさんはこの番組で多くのことを吸収していると思う。だから、マツコさんの中ではとても大事な番組に位置すると思う。

逆に、僕は「気を遣うマツコさん」があまり好みではない。明石家さんまさんと組んだ時には、マツコさんはやはり気を遣う立場になるので、マツコさんがさんまさんと並び立ったときの新たなスタンスが生まれれば、そこに本当の爆発力が出る気がする。

今のテレビ界で、「人」で企画が通ることはなかなかなくなった。松本人志さんにはそれがあったと思う。他のキャストだと通らないけど、松本さんだと通る企画というのはあったはずだ。それはやはり、松本さんの存在感でパッケージングするとおもしろく見えるし、実際に番組もおもしろくなるからだ。

マツコさんも「人」で企画が通るタイプだと思う。新番組が始まって一番期待値が高いのはマツコさんになるだろう。

2023年のマツコさんは、旧ジャニーズの問題もあったので、一歩引いていたように見える。だけど、変わりゆく芸能界・テレビ界の中で今、ホームランを打てるとしたらマツコさんが一番その位置にいるんじゃないかと思う。

その人の考えていることを知りたい・聞きたい人というのが少ない中で、世の中はマッコさんの言葉を聞きたがっていると思う。

今のマッコさんのレギュラー番組の中には、ソレがない。マッコさんの今の思いを聞ける番組がない。敢えて避けているのかもしれないが。

じゃあ、それをテレビでやったらいいのかというと、そうも思っていない。

僕は個人的に、マッコさんが年に一回だけYouTubeで「年に一回　マッコの本音を言う時間」をやってくれないかなと思っている。

一年に一回、1時間でいい。事前に配信することは告知してほしい。人をちゃんと集めてほしい。

生配信でやってほしいのだが、その時に、「スーパーチャット」で投げ銭を出来るようにしてほしい。おそらく結構な金額が飛ぶだろう。1時間で億を超えるかもしれない。

その飛んだ金額を全部募金する。これぞ一人24時間テレビとなる。

そこで、一年に一回だけ「本音」を言う。フリートークという風に見せながら全部裏では決めておくのかもしれないが、マッコさんがみんなの聞きたいことに本音で答えていく。

ジャニーズ問題や松本人志さんのこと。マッコさんにとっては一年で一番嫌な仕事になるかもしれないが、世の中にとっては一年で一番期待する時間になるかもしれない。

こんなことをやってくれたら、地上波の番組に出ているマツコさんを「本当はそんなことを思っているマツコさん」と思って見ることが出来る気がするからだ。

今、ここでマツコ・デラックスがバッターボックスに入り、大きなホームランを打つ姿が見たい。マツコさんならそれが出来る。

そして、それをやるのは今だと思う。

振り切る時は思い切る

槇原敬之が伝説を作った曲

ＳＭＡＰと長年仕事をさせてもらったが、自分が関係ない仕事でもっとも嫉妬した作品がある。

１９９９年の正月に放送されたフジテレビ「古畑任三郎VSＳＭＡＰ」だ。

この企画が発表された時、世の中の期待感はとんでもなかった。だって、田村正和さん演じる古畑任三郎がＳＭＡＰを逮捕するんだから。

逮捕するということは、誰かを殺（あや）めるわけである。この回では、ＳＭＡＰのメンバーがそのままＳＭＡＰを演じた。つまり、ドラマの中とはいえ、実名で罪を犯す。

ＳＭＡＰはグループでも、個人でも、ＣＭを沢山やっている。

おそらく乗り越えなければいけないハードルは沢山あったはずだし、もしかしたらこれをやることで失ったものもあるのかもしれない。

でも、架空のグループにしたらおもしろくなくなる。実在するグループだからいいのだ。

この企画を聞いた時に、それを思いついて実行に移すマネジメントの飯島三智さんの手法は改めてすごいと思ったし、ドラマだから仕方ないのだが、そんなおもしろい企画に自分が絡むことが出来ないことに嫉妬した。

やはり飯島さんは振り切る時は思いきり振り切るのだ。中途半端は嫌いだ。

そして、そのドラマから3年後の2002年。

この年の夏に発売したSMAPのアルバム「Drink! Smap!」に、僕は2曲歌詞を書いている。

一つは中居正広さんと共作した「FIVE RESPECT」というメンバー紹介の曲。ビクタースタジオで朝方まで歌詞を作り上げたのは今となってはいい思い出だ。とてつもなくライブで盛り上がる曲だった。

もう一つは稲垣吾郎さんのソロ曲「時間よとまれ」。

この曲は飯島三智さんからの依頼だった。このアルバムが出る前年、2001年の夏に稲垣さんが起こした事件。あの夏、日本は大騒ぎになった。稲垣さんは、その年のツアーに出演しなかった。

なので、飯島さんはアルバムに入れるためある曲を作ることにした。一年前に起こしたことを、会場で毎回謝っていくよりも、その思いを曲にしてライブで歌うことで、ファンが「吾郎ちゃんは去年、こういう気持ちだったんだ」と感じてくれる。そんな歌だ。歌う稲垣吾郎さんも、その曲を歌うたびに、グっとくるような歌がいいと。

とてもいいとは思ったが、正直、すごく難しい発注だなと思った。

が、とりあえず遣り甲斐のある仕事ではあるので、歌詞を考えてみた。

稲垣さんが歌いながらグっとくる曲とは言っても、限度はあると思った。一年前に起きた事件のことをそんなに想起させるのも良くないなと思った。考えて考えてラブソングに仕上げた。

いい感じに出来たんじゃないかと思ったのだが、飯島さんから電話が来た。電話に出ると、結構熱くなっている。歌詞についてだった。

飯島さんはとても中途半端だと言った。僕に期待して頼んだのに、その仕上がりになっていないと厳しく言われた。

ソフトに仕上げたほうがいいと思ったのだが、逆だった。こんな中途半端なら歌わない方がいいと言った。稲垣さんがこの歌を歌うたびに、申し訳ないという思いも感じないとダメなんだと。ファンはそんな彼を見て、応援する気持ちになる。

飯島さんは電話で、あるアーティストの名前を出した。槇原敬之さんだ。槇原さんにこのアルバム用に歌を頼んだら、作ってきた歌がすごかったという。とても攻めていると。新しい命を授かる歌だと。すごくいい歌だと思ったけれど、今のSMAPにこれを歌わせるのは難しいと判断したと言った。

この2年前に木村拓哉さんは結婚して新しい命を授かった。だから槇原さんは、その歌を作ったのかもしれない。

飯島さんは、槇原さんが作った曲は本当に素晴らしい曲だと思うけど、今、これを歌わせることは出来ない。でも、その曲を作ってくる槇原敬之さんの攻めた姿勢を見習ってほしいと僕に強く言った。

飯島さんがあれだけ僕に強く言ったのも珍しい。でも、それは、僕に期待してくれたからなんだと思う。

作詞家の人には書けない。SMAPとともにいろんな仕事をしている僕だからこそ書ける歌詞。飯島さんの思いを理解し、稲垣さんの気持ちになり、僕なら作れるんじゃないかと期待したのだ。

だけど、僕は勝手にソフトに仕上げたほうがいいと思ってしまった。期待を裏切った。

僕はとても反省して、もう一回チャンスをもらった。
そして、「時間よとまれ」という歌詞を作った。
その歌はこう始まる。
「去年の夏　そう　熱い夜　ボクは君を失ったね
たった一言の過ちで
全てを壊してしまったね」と。
サビでは
「時間よ止まれ　涙も止まれ
後悔だけしてる前に
本当に悲しいのはボクが傷つけた君さ
やり直したいよ

時間よ止まれ　涙も止まれ
裏切るなんて思ってなかった

もう一度だけでも会えるなら

このコトバを言いたい　そう『ゴメンね』」

と歌う。

ラブソングとして仕上げているが、日本中の人が、何を言っているかがわかる。

振り切って書いてみた。

飯島さんはＯＫを出してくれた。

これを歌う稲垣さんはどうなんだろう？　それだけが不安だったが、後日レコーディングが終わった後に、直接お礼を言ってくれた。その時に「こないだ、レコーディングしてたら、木村君がいて、歌詞を見て、すごくいい歌だねって言ってくれたんだ」と。

それを聞いて胸を撫で下ろした。

アルバムが発売になり、ライブが始まった。稲垣吾郎さんがライブでこの歌を歌い、ファンがそれを聞き涙を流している姿を見て、この歌を書ける機会をもらえたことへの感謝と同時に、一回で答えを出せなかった自分を本当に反省した。

そして槇原敬之さんである。槇原さんが書いた歌は歌われないことになった。

普通ならそこで終わる。制作スケジュール的にもう限界だったから。

だけど、槇原さんは「ちょっと待ってほしい」と締め切りの数日後、もう一曲、別の曲を出してきた。
その曲のタイトルが「世界に一つだけの花」。
こうやって伝説は出来上がる。

ドキドキさせる物語の作り方

尾田栄一郎からのリクエスト

1997年から「少年ジャンプ」で連載が始まった「ＯＮＥ ＰＩＥＣＥ」。2023年、実写版がNetflixで世界配信され大ヒット。漫画の実写&世界進出成功で新たなフラグを立てた。かと、思ったら、今度は再アニメ化の発表。漫画の1話から新たにアニメを作り直すのだという。今もなお、アニメ版が作られているのに。今までだったら出来ないことを次々にやっていく「ＯＮＥ ＰＩＥＣＥ」。そして尾田栄一郎さん。

2009年に公開された映画「ＯＮＥ ＰＩＥＣＥ ＦＩＬＭ ＳＴＲＯＮＧ ＷＯＲＬＤ」は、尾田さんが初めて劇場用にストーリーを書き下ろし製作総指揮を務めた。

僕は「ＯＮＥ ＰＩＥＣＥ」の連載が始まった時から漫画を読んでいたが、サンジが仲間に入る辺りから完全に大ファンになって、色々なところでファンを公言していた。

そんなファンの僕からすると、映画版は見に行く気にはなれなかった。原作とは関係ないし、子供向けのアニメと思っていたからだ。だけど、「ＳＴＲＯＮＧ ＷＯＲＬＤ」は尾田さんが製作に関わっていたので、原作と「地続き」な感じがして、見なきゃいけない気がした。結果、この映画は大人のファンも巻き込み大ヒットした。

その公開の翌年。フジテレビの映画部の種田義彦さんから急に電話がかかって来た。僕が日本テレビの会議を終え汐留を歩いてる時だった。「おさむさん、『ＯＮＥ ＰＩＥＣＥ』好きなんですよね？」と聞かれた。この時、なんかドキドキした。「もしかして」と思った。

すると「新しい映画の脚本をお願いしたいんですが」と言われた。

大ヒットした「ＯＮＥ ＰＩＥＣＥ ＦＩＬＭ ＳＴＲＯＮＧ ＷＯＲＬＤ」の次の映画になるものだ。

この声掛けはとてつもなく嬉しかったが、「いや、僕は出来ないです」と言った。映画なんて企画が進んでも、途中で頓挫する場合が多い。僕が外される場合もある。そんなことがあったら大好きな「ＯＮＥ ＰＩＥＣＥ」がもう読めなくなってしまう可能性がある。だから一度は断ったのだが、とりあえず会って説明を聞くことにした。

そして、種田義彦さんの熱い思いを聞き、受けることにした。「挑戦してみよう」と。

最初に言われたのは、漫画本編とは切り離すこと。そして、前回の映画のように尾田さんは製作に入らないだろうということだった。

原作自体が頂上決戦と言われるところを超えてとんでもなく盛り上がりを見せている頃だったので、僕は「なにかしら原作と絡めたい」と強く言った。すると、後日電話がかかってきて、「その思いを直接尾田さんに伝えてください」と言われ、直接、尾田栄一郎さんに会うことになったのだ。

尾田栄一郎さんと会うことが出来る。「どんな人なんだろう?」というワクワクと不安。

過去に、藤子不二雄Ⓐ先生と打ち合わせした後に、そこにいたスタッフさんから電話がかかってきて、僕がその場でメモも取らなかったことに、先生がとても怒っていると言われたことがあった。だから、あんなふうに怒られたらどうしようという不安もあった。

だが、会ってみると、その不安はすぐに消えた。まるでルフィみたいな人だと思った。

とにかく話していて気持ちよい。

フジテレビの種田さん以外にも、東映の人、集英社の人もいた。

種田さんが尾田さんに「鈴木おさむさんから、相談があるんです」と言うと、尾田さんは「なんでしょう?」と真っすぐこちらを見つめる。

僕が「次の映画を、原作となにかしら絡ませてほしい」と言うと、尾田さんは「なぜですか？」と聞いてきたので、僕は逆に聞いた。「尾田さんは次の映画の一番の目的はなんですか？」と。

尾田さんは、前回の「ＳＴＲＯＮＧ ＷＯＲＬＤ」でようやく大人がデートでも見に行く映画になった。だからこの火を消さずに「前作を超えるヒットをすることです」ととても分かりやすい目的を伝えてくれた。

僕は「だとしたら、僕はファンだからわかります。前作が大ヒットしたのは、尾田さんが製作に入っていて、原作と繋がってると思えたからです。それで原作ファンの大人も見に行かなきゃいけないと思ったんです。だから次も原作と繋がったものにしたいんです」と伝えた。

尾田さんは僕の話を聞いて、「わかりました」と言ってくれた。ＯＫしてくれたのだ。

そのあとに、尾田さんは言った。「だとしたら、この先の話を少ししますね」と。

つまりは、その時点で連載している話の先を説明すると。尾田さんの頭の中にある、まだ漫画になっていない物語をその場で教えてくれると言ったのだ。映画の為に。

僕が思わず「聞きたくないです」と言うと、尾田さんは笑いながら、「自分で原作と絡めたいって言ったんでしょ？」と突っ込んでくれた。

尾田さんは話し始めた。頭の中にある「ONE PIECE」を。めちゃくちゃワクワクしながら話していた。

話し終わると尾田さんは言った。「おもしろくないですか?」と。

尾田さんが「おもしろくないですか?」と言い切ったことに、僕の頭には雷が落ちた。

僕ら放送作家は一つの番組に3人以上、多い時は10人近くの放送作家が一緒に会議をする。

おもしろいことを考える人たちが会議室に集まり、おもしろいことを言い合うのだが、その時、おもしろい人に限って自分の意見を言う時に、「これ、正解か分からないんだけど」とか、「みんなはおもしろいと思うか分からないけど」と言うことが多いと気づいた。

それを僕は「目線を下げる技術」と呼んでいるのだが、あえて一度、自分の意見に対する期待度を下げてから、発言するのだ。

会議には我の強い人が集まっているので自信満々に発言すると、「どれだけおもしろいか聞いてやろうじゃないか」と素直に聞いてくれない場合もある。でも、目線を下げることにより、その人の意見がソフトに耳に入ってくる。

だから、この技を使う人が多いし、会議では僕もそうやって発言していた。

でも尾田さんは自分の考えたものを、「おもしろくないですか？」と超ワクワクしながら言った。自分で考えたおもしろいと思うものをおもしろいと言い切って伝える。作り手としてとてつもなく格好いいと思えた。

自分がおもしろいと本気で言いきれる作り手でありたいと思った。

この尾田さんとの出会いから、僕は自分が本気でおもしろいと思っていることは、目線を下げずに、「おもしろいものが出来たんだけど」と言い切るようになった。

映画「ＯＮＥ ＰＩＥＣＥ ＦＩＬＭ Ｚ」の物語製作に監督の長峯達也さんが入って来た。アニメ作りのプロである長峯さんの気迫はかなり凄く、一時期はそこに負けて、諦めそうにもなったけど、なんとか、喰らいついていった。

話の中で、Ｚ（ゼファー）という元海軍の敵が出てくるのだが、一番最初に僕が考えたのはこの敵の名前だった。赤犬、青キジ、黄猿など、色と動物を足した名前の敵が出て来ていたので、僕に「色と動物を足して考えてみたら？」と言った人もいたのだが、なんとか、それとは違うものにしたかった。

そこで「アルファベットの敵、いなかったよな？　アルファベット一文字なら何がいいかな？」と考え、「敵を最後の最後まで追い詰めるから、アルファベットの一番最後の文字、Ｚはどうだろう？」と考えた。

敵はＺとなった。そして、映画のタイトルが「ＦＩＬＭ Ｚ」となった。

尾田さんから「とにかく敵を強くしてほしい」とリクエストがあったので、どんどん強くしていった。するとある時、尾田さんに「とても強いですね。ただ一つ問題があって、今のルフィだとこのＺには勝てないんですよ。どうします？」と言われた。

「え？　散々強くしたけど、ルフィが勝てない？」

そこで本気で考えた。「どうやったらルフィがＺに勝てるのか？」と。自分がルフィになってＺと本気で戦うつもりでシミュレーションしてみる。「最初にここを攻めて」などと考えるがなかなか勝てない。考えていくうちに、「じゃあ、ここに弱点があったら勝てるかも」と、そこから敵の弱点などを考え始めた。

以前だったら、最初に勝ち方を決めていたはずだ。でも、それだと見ている方も、どうせ勝つんでしょ！　と思ってしまう。

「ＯＮＥ ＰＩＥＣＥ」を見ていると「これはルフィ、勝てないでしょ」と思う。だが、そこに、仲間の力が加わったり、成長することにより、勝ち筋が見えてくる。だからドキドキするのだろう。

この作り方にはとても影響を受けた。２０２３年の11月から「スターバックス」で始まったキャンペーンで、スターバックスと一緒に絵本を作った。オリジナルの絵本が全国の全店舗に1冊ずつ置かれるというもので、かなり気合いを入れて物語を作った。『君だってサンタクロースかもしれない』という絵本。小学生の主人公「笑太」の両親は、最近家で笑わない。悩んでいる笑太は、公園で会ったサンタクロース似のおじさんに「君が親を笑わせればいいんだ」と言われ、親を笑わせる方法を考える……という物語。

「ONE PIECE」をやる前の僕だったら、どうやって笑わせるかを思いついてから物語全体を考えていただろう。だけどそうすると、いい物語にならないと思った。だから、どうやって親の笑顔を取り戻すかを笑太の目線で必死に考えた。考えて考えて、やっと思いついた。

親が笑っている時の事を想像し、画用紙に、笑っている時の口を描く。それを切って、「スマイルマウス」を作る。親が家に帰って来たら、それを渡す。

笑顔のない親でもそれを口に付ければ笑っているような顔になる。笑顔を思い出す。と、同時に、笑太が、こんなものを作るくらい心配していたことに気づき……笑顔で笑太を抱きしめるという物語になった。

主人公と同じ目線で、苦しんで考えて、ゴールに到達すると、どんなファンタジーでもそこにリアリティーが出る。

そしてもう一つ、「ＯＮＥ ＰＩＥＣＥ ＦＩＬＭ Ｚ」の中で、長峯監督に「曲を書いてほしい」と頼まれた。劇中に出てくる曲で、「かつて海軍で共に戦い、海に散って行った者たちを思う曲」を作ってほしいと。

この時は、東日本大震災が起きたあとだった。確か、２０１１年の5月か6月くらいだったと思う。テレビで、津波に飲まれて被害に遭った人たちのドキュメンタリーが放送されていた。

そのドキュメンタリーを見ながら、僕は歌詞を書いた。Ｚの思いと、そして、自分の、東日本大震災で、海に消えて行った人たちへの思い。それを重ねて、歌詞を書いた。

以前の僕だったらやらなかったと思う。だけど、自分がモノを作るうえでの勇気と覚悟を持たなければ、おもしろいものは作れない。そういう思いで歌詞を書いた。そして、「海導」という曲が出来た。

アニメの世界でかかる曲の奥に宿ったリアリティー。

僕は、この映画に参加し、尾田栄一郎さん、そして長峯監督の、おもしろいものにこだわり続ける信念の強さに驚嘆した。

もちろん、それまで作ってきたものに信念がないわけではない。それでも、その信念の強さと深さを持ち続けるものだけが作れるものがあるのだと気づけた。

2012年の年末に公開された「ONE PIECE FILM Z」は、興行収入69億円の大ヒットになった。

あれから10年以上経つが、忘れた頃に、尾田栄一郎さんがメールをくれたりする。2016年の年末に「SMAP×SMAP」が終わったあとだった。尾田さんがメールをくれた。

「お疲れ様でした」と。

テレビのバラエティーと漫画は似たところがある。始まった時に終わりが決まってないところだ。ドラマは最初から回数が決まっているので、人気がなくても、あっても、3カ月ほどで終わりを迎える。ヒットしたドラマは、華々しく打ち上げを行える。

だが、バラエティーは、人気があれば続くし、なければ終わっていく。どんなに人気番組であっても、続けていれば、いつか人気は減っていき、最後は「打ち切り」という形になることも多い。漫画もそうだ。

長くおもしろいものを、毎週作り上げるということは、とてつもなく難しいことだと思う。

視聴者・読者は年を重ねて入れ替わっていく。その中で「ずっと見たい」と思わせるものを作るのはとてつもない力だ。

尾田栄一郎さんは、それをとてもよく理解している。

だからこその「お疲れ様でした」が響いた。

20年続いた旅を終えた、その旅の乗組員の僕に対しての言葉。

悲しみがわかるからこそ、おもしろいものを作れる。

尾田栄一郎さんは「ONE PIECE」という作品をここから、どうやってゴールさせていくのか？

ずっとワクワクしながら見守っていたい。

第五章

最後のテレビ論

大河ドラマと朝ドラをやるとしたら

僕がこの業界で、やりたかったことがあるとすれば、NHKの大河ドラマと朝ドラだろう。脚本に挑んでみたかったが、もちろん、企画でも良かった。

もし大河をやるならやってみたい企画があった。タイトルは「宝永大噴火」。

大河は一人の人物をフィーチャーすることが多いが、僕のこの大河の企画は「天災から復興する人々」が主役である。

時は宝永末期。徳川綱吉が5代将軍の時代である。悪政と言われることもあるこの時代。

旧暦の1707年10月4日。日本に大地震が起きる。マグニチュード8・6－9クラスと推定される宝永地震の震源は、南海トラフである。この地震により、津波も起き、被害は死者2万人以上、倒壊家屋6万戸、津波による流失家屋2万戸に達するとも言われている。

ただ、これで終わりではなかった。

この地震から7週間後。11月23日だった。昼前から富士山の噴火が始まる。火口の近くには軽石が大量に落下し、江戸まで白っぽい火山灰が降ったと言われている。夕方から再度火山灰は激しくなり、降灰は黒色に変わる。噴火は2週間近く続き、火山灰は関東一円に降り注ぎ、農作物に多大な影響を及ぼした。

火山灰は様々な悲劇を起こす。酒匂川（さかわがわ）流域では、堆積した火山灰により水位が上がり堤防が決壊し、水没する村が続出したと言われている。

被災地となった小田原藩では自力での復興は無理だった。なので、領地の半分を幕府に差しだし救済を求めたという。

この宝永の大噴火は、富士山の噴火としては最も新しいものである。そして、富士山の噴火として記録が残っている10回の中でも最大のものとされている。

富士山の三大噴火の一つが宝永噴火なのだが、他の二つは平安時代に発生したもの。そして、この宝永噴火から現在まで富士山の噴火は起きていない。

富士山の噴火の話をすると、今の時代の人はファンタジーだと思いがち。「なんだかんだ言って噴火しないんでしょう？」と思っている。過去に噴火したとは聞いたことがあるが、「結局しないんでしょう?」と思っている。

僕は富士山はいつか噴火すると思うし、その時に備えて、みんなが最悪の事態をイメージしておかなければならないと思う。

しかも、宝永大噴火は南海トラフによる宝永地震の直後に起きたものだ。

この10年、ずっと南海トラフの地震が危ないと言われ続けている。そうなると、南海トラフの地震のあとに、富士山の噴火の可能性も高まる。

日本は災害と隣り合わせの国である。痛いほど感じている。

だからこそ、大河ドラマでこの「宝永大噴火」をテーマにしたドラマを作るべきだと思う。

主人公となるのは小田原藩の人たち。

この時代にもきっといたはずである。富士山の噴火の危険性を唱えている学者が。でもその時代の人たちも「大丈夫だよ」と言っていたに違いない。そして、地震が起き、富士山が噴火し、日本が壊れていく。

その中で、幕府はどう対応したのか? そして小田原藩の人たちは、どうやって復興に向かっていったのか? 農作物が全滅していく中でどうやって飢えをしのいでいったのか? 降り積もった火山灰をどうしていったのか?

ドラマは沢山作れる。ある農家の人たちを主人公の一人にしてもいいだろう。僕は思う。「宝永大噴火」は、NHKの大河ドラマで作られることのなかった新たなジャンルを打ち立てるだろう。「ディザスタードラマ」でありながら、復興に向かう希望の物語になると。

辞めてしまうのでもう出来ないのだが。

そしてもう一つ、朝ドラである。朝ドラでもやってみたいことがあった。タイトルは「アタック」である。朝ドラの中でおそらく作られたことのないだろうジャンルがある。それはスポコンだ。スポコンドラマを朝ドラで作りたいと思っていた。

時代は現代。日本人が大好きなスポーツ、女子バレーをテーマとした物語だ。

主人公の女の子、ハルカ（仮）は、房総の人気寿司屋の娘として生まれる。女性の寿司職人がなかなか育ちにくいと言われている中、寿司屋の祖父は、ハルカの才能を見抜き、寿司職人にしたいと思う。だが父は反対する。父は一度は寿司職人を目指したのだが、才能がなく、自分の父（ハルカの祖父）に厳しくされた結果、寿司職人を諦めて会社員として働いていたからだ。

ハルカは小学生のころから、祖父に指導されて、寿司職人として特訓していく。だが、ハルカは中学の時に、出会ってしまったのだ。バレーボールと。

学校のバレーボール部のコーチもまた、ハルカのバレー選手としての才能を見出す。バレーをやりたいという思いが強くなっていくハルカだが、指を使うスポーツであるバレーをやることに祖父は大反対する。

だが、ハルカのバレーへの思いはどんどん強くなっていき、祖父は、ハルカの人生のことを考えて、寿司職人を目指させることを諦めて、バレーの道に向かうことを応援する。

ここから、ハルカは中学、高校、そして社会人とバレー選手として、成長していく。出会っていく様々な仲間たちとともに、オリンピックへの道を目指す……という話。

朝ドラ×スポコンというのは見たことがないし、朝から、ハルカやハルカのチームを応援するのは朝ドラとして合っているのではないかと考えた。

と、あくまでもこれは勝手に考えた企画である。放送作家と脚本家を辞める今、ただのおじさんの妄想となる。

ただ、思う。テレビの視聴者が減っていると言われる中、大河ドラマと朝ドラはやはりテレビの最後の砦だ。

だからこそ、思い切ったテーマ選びと、今までにない冒険を望む。

今の時代、テレビ発で日本を巻き込むムーブメントが作れる可能性が高いこの二つで、２０２３年にＴＢＳで放送された「ＶＩＶＡＮＴ」のような、作り手と出演者の思いが一つになったドラマを作ってほしい。そんなドラマが、大きくて重い熱の塊となり、Netflixや海外のドラマと戦ってほしいと、強く思っている。

人生こそ最強のコンテンツ

2013年の春、僕は妻の大島美幸さんと二人で外にご飯に行った。その前まで僕が舞台の仕事で忙しかったので、二人で外でゆっくりご飯を食べるのは久しぶりだった。

そこで大島さんは言った。「夏の『24時間テレビ』からマラソンランナーのオファーが来ている」と。

驚いた。まさか自分の妻に、「24時間テレビ」のマラソンランナーの話が来るなんて。僕は無理なんじゃないかと思った。

だけど、妻は「やりたい」と言った。理由は、その年の「24時間テレビ」の総合演出をするのが、「世界の果てまでイッテQ！」の総合演出をしている古立善之さんだったからだ。とてもお世話になっているから、絶対にやりたいと。

マラソンをするためにはまず、痩せなければならない。その時の体重は88kg。結果、それが、妻がマラソンで走る距離になるのだが。

もう一つ問題があった。この数年前から映画のオファーがあった。「福福荘の福ちゃん」というオリジナル映画で、妻が主演。しかも男の役だ。

その映画の撮影が、「24時間マラソン」のあとに入ったのだ。

マラソンで走るためには痩せなければならないのだが、映画の主演をするには、男役になるためにまた太らなければいけないのだ。

思いきり痩せて、また思いきり太る。どう考えても体に良くない。

だけど妻は、両方ともやり切ったら、来年から妊活休業しようと思うと言った。まだ妊活なんて言葉が世間で使われていない頃だ。妻はどこかでその言葉を知ったらしく、全部の仕事を休んで妊活しようと思うと言った。そしてそれを、世間に公表すると。

自分がそれを公表すれば、妊活という言葉がもっと世に広がり、同じ悩みを抱えている人が仕事を休みやすくなるんじゃないかとも言っていた。

妻が強い気持ちで決めたことだ。僕も賛成した。

妻は体重を20kg近く落としてマラソンをやり切り、再び太って男役で映画の撮影をして、妊活に入った。

そして、息子・笑福（えふ）をお腹の中に授かることが出来た。

過去2回、残念なことになっていたので、ずっとドキドキしていた。安定期になっても油断はしなかった。

だけど、笑福はお腹の中で育ってくれた。

出産が近づいてきて、病院でバースプランを書いて提出することになった。

妻はあるとき、家で僕に言った。「ヘルメットカメラをつけて出産したい」と。

妻は芸人として、上島竜兵さんと出川哲朗さんを特にリスペクトしていた。自分はリアクション芸人だと。

リアクション芸人のパートナーと言えば、ヘルメットカメラ。リアクションの表情を余すところなく撮影してくれるあのカメラだ。

妻は言った。「これだけは出川さんも上島さんも出来ないからやってみたい」と。

妻はテレビとか関係なくやりたいと言った。

でも、どうせやるならと思い、僕は「イッテQ」の古立さんに連絡して会いに行った。

僕は「イッテQ」のスタッフでもないし、妻のことでお願いするのはどうかなとも思ったが、どうせリアクションを撮影するなら「イッテQ」で出来ないものかと考えたのだ。

この話を伝えると、古立さんは二つ返事でOKしてくれた。

病院に提出するバースプランには、「ヘルメットカメラをつけたい」と書いてあった。あんなことを書いた人は、妻だけだろう。

出産予定日が近づいてきて、カメラの付いたヘルメットが送られてきた。カメラ部分の蓋を外すとカメラが起動する仕組みだった。妻はそれをかぶって練習していた。

予定日が過ぎてもなかなか生まれなかった。1週間過ぎてお腹がパンパンに膨れ上がった頃、急にその時は来た。破水したのだ。

妻のお母さんが栃木から来てくれていた。お母さんは看護師さんだ。すぐに破水だとわかった。

生まれる。

ここでまず僕には重大な任務があった。ヘルメットカメラを取りに家に帰らなければならなかった。タクシーに乗りヘルメットカメラを取って、再び病院に戻ると、妻は部屋で苦しそうな声を出していた。

思っていたより早く生まれてしまいそうだった。

妻に「ヘルメットカメラ持ってきたよ」と言うと、いつもは優しいお母さんが「今、かぶれるわけないでしょ！」と怒った。

いやいやいや、あなたの娘がこれをつけて産みたいって言ったから……と思ったが、確かにそんな余裕はなさそうだった。

なので、妻が寝ている横にヘルメットカメラを置いて、ヘルメットカメラが見守っているようにした。

すると、部屋に一人の女性が入ってきた。森三中の村上だった。「イッテQ温泉同好会」のグループラインで妻の破水が報告された。

村上が来て、妻を応援する。すると続いて、たんぽぽの川村さん、そして椿鬼奴も入ってきた。みんなが妻に「がんばれー」と声を飛ばす。まるで駅伝を応援するかのように。

妻が助産師さんの声に合わせて力む。相当苦しそうだ。横でヘルメットカメラも見守ってくれている。

と、その時、妻の呼吸が一瞬落ち着いた。そして「よし!!」と言うと、ヘルメットカメラを自分の手で被った。

思わずみんなで「かぶったー！」と叫ぶ。被ったあとに、カメラの蓋を外して起動させた。

その途端、妻の視点が定まり、呼吸も安定してきた。助産師さんが「その調子です」と言う。

恐るべしヘルメットカメラパワーだった。

妻はカメラを見つめて呼吸を合わせる。

そして。妻の体から、新たな命が誕生した。

その瞬間の顔も見事にヘルメットカメラがとらえた。

神々しいその瞬間に、みんなが涙した。

と、入り口に気配を感じた。妻が出産した直後、黒沢さんが到着した。

妻の大好きなチョコクロを買っていて、到着が遅れたらしい。

そのタイミングにまた笑いが漏れる。

息子・笑福は、仲間たちの応援を受けてこの世に生まれてきた。

出産から少し経って、妻の出産がテレビで放送された。

テレビで放送することに批判の声もあがった。

だが、あれから8年経ち。

妻の出産を放送してくれた「イッテQ」と古立さんには心から感謝している。

僕は常々、「ライフ　イズ　エンターテインメント」だと思っている。

人の数だけ人生があり、その分だけエンターテインメントがある。

人生こそ最強のコンテンツ。

テレビはこれまで沢山の人の人生を映してきた。

生きていれば楽しいことばかりではない。むしろ年を重ねてくると、悲しいこと、辛いことが多くなってくる。

本当にそう思う。

あの時の悲しい涙も、時を経たら思い出になる。いつかはエンターテインメントになる。

テレビはこれからも、様々な人の人生をエンターテインメントとして映していってほしいと心から願う。

奇跡が起きる可能性を信じる

この本も終わりが近づいてきた。

ここで書きたいことがある。32年間放送作家をやってきた僕が最後に作った新作バラエティーのことだ。この番組を作って、僕が放送作家を辞める本当の理由に自分で気づけた。

神奈川県川崎市を拠点に活動するＢＡＤ ＨＯＰ。双子であるＴ－ＰａｂｌｏｗとＹＺＥＲＲをはじめ、川崎市出身の幼馴染を中心に、８人で構成されるヒップホップクルーだ。

２０１４年に結成され、超人気となり、２０２４年2月19日、解散。しかも解散ライブの場所は東京ドーム。日本のヒップホップアーティストが東京ドームライブを行うのは初となる。

彼らは幼少のころから川崎で育ってきた。彼らのことを札付きの悪（ワル）と言う人もいるだろう。ＹＺＥＲＲ曰く、小学生のころから問題児で、中学では破壊的な不良となる。学校の上空にはヘリが飛び、学校の廊下には彼らを見張るために警察官が常駐するという事態になっていた。ＹＺＥＲＲを含む数人が、中学時代に逮捕されて少年刑務所に行った。

そんな地元でも名の通った不良だった彼らが、ヒップホップと出会い、人生が激変する。

彼らは事務所などには所属せず、楽曲制作からグッズの制作や販売まで、セルフプロデュースで行っている。自分たちでなんでもやってきた。

そんな彼らと知人を通じて、会うことになった。解散ライブに向けて相談があるという。

Ｔ－Ｐａｂｌｏｗは僕が「36」という名前で番組作りに参加していたテレビ朝日「フリースタイルダンジョン」で出会った。その時から、まさかそんな極悪の少年時代を過ごしていたなんて思わないくらい、きちんとしていた。

その打ち合わせには、Ｔ－Ｐａｂｌｏｗと、双子の弟であるＹＺＥＲＲも来ていた。話してみるととても礼儀正しく、とにかくクレバーだなと感じた。

実は4年ほど前に、彼らの企画をＡＢＥＭＡ経由で提出していた。その時はなんとなく立ち消えになったのだが、ＹＺＥＲＲが「あの企画、実は解散前にやりたいんですよ」と言ってきた。

その企画とは「１０００万１週間生活」というもの。僕は「１ヶ月１万円生活」という節約企画を作ってきたが、その真逆である。

彼らに１０００万円を渡して、８人で共同生活し、１週間でそれを使い切る姿に密着するというものだった。ＹＺＥＲＲはそれを覚えていて、最後にやりたいのだと言った。

自分たちの本当の素の姿をメディアで見せたことはなかった。だから、最後にすべて見せたいのだと。

それで東京ドームの解散ライブに突入したいと。

僕はサイバーエージェントの藤田晋社長に直接話をして、即ＯＫをもらった。「めちゃくちゃやりたいですね」と言ってくれた。

そして11月。川崎の街で、アタッシェケースに入った１０００万円を僕が彼らに渡すところから番組は始まった。

１０００万円を持って、カメラを回しながら川崎のディープなところを街ブラ。地上波の旅番組ではありえない。歩いている道には風俗店やラブホテルが店を構えている。

そこで彼らは川崎から成りあがってきた思い出を語る。

お世話になったカラオケボックスに入ると、ほぼ無銭飲食状態でさんざんお世話になった店員さんが、「お前ら出世したなー」と嬉しそうだった。そして「あの時のポテト代、払ってくれよ」と笑いながら言うと、彼らはアタッシェケースを取り出し1000万円の中から3万円を出して、「これでチャラにしてください」と笑う。

このスタート、なんてエモいんだと。

撮影は月曜日にスタートし、日曜日までの1週間、彼らから事前に聞いていたやりたいことを実行していく。

港区女子との合コン、本気のゴーカートレース、スカイダイビング、尊敬している職人さんがいる超高級寿司で寿司を食べる（ちなみにワイン代も含めて150万円払う）。催眠術にかかったり、俳優としてオーディションを受けたり。共同生活する家ではみんなでテキーラを飲みまくる。

1週間生活を終えたあとに、川崎の公園で川崎の市民のためのライブを行う。これが彼らが最後にやりたいこと。チケット代は無料。ずっとやりたいと思ってきたことがゴールになる。そのライブにかかる費用も、1000万円から払うことになっていた。

川崎市長への挨拶と、ライブをするための手続きも、その1週間の中でメンバーが行っていく。

1000万円生活3日目。大きなイベントが待っていた。メンバーのT－PablowとTijiJojoが二人で済州島に行き、ギャンブルをする。

1000万円の中から300万を持った二人が、済州島のカジノに向かった。その金を少しでも増やして、ライブに使おうという計画だ。

共同生活をしている家では、二人がカジノでギャンブルをする姿がスマホで中継されている。

勝負はバカラだ。

そして、見事に。

300万円を全てすった。

たったの40分ほどで300万円。

がっかりだ。

最終日に行うクルーザーを借りてのファン感謝デーのための費用を抜くと、残金は

200万円を切っていた。

これでは川崎での恩返しライブが出来ない。

YZERRは急にプランを変更。昔からの知り合いで会社をやっている社長がいる。いつかBAD HOPの為に何かしたいと言ってくれていたその人に急遽アポを取り、日本にいるメンバーで会いに行く。そしてメンバーが土下座を始める。「川崎のライブの為にお金を出してください」と。

BAD HOPメンバーの土下座。こんな姿を見ることはない。

照明の費用や仮設トイレなど、かなりの金額だ。

社長は彼らの思いに快くOKしてくれた。カジノで300万すったお金を土下座でフォローすることが出来たのだ。

その日の夜、カジノで負けたT-PablowとTiji Jojoが帰ってきた。

T-Pablowはめちゃくちゃ悔しそうにしていて、「次やったら絶対勝てる」とギャンブルで負けた人あるあるの発言をしている。

そして、T-Pablowが驚きの発言をする。「明日の夜、韓国行きのチケット、1枚取っちゃったんだよね」。

驚くメンバー。双子の弟YZERRは「いや、いやダメでしょ」と言う。

Ｔ－Ｐａｂｌｏｗは勝手に一人で韓国行きのチケットを取って、カジノに行くというのだ。しかも場所は済州島ではないのでカメラで撮影も出来ない。

ＹＺＥＲＲは、そもそもの企画に反するし、僕の立てた構成とも変わってくるから、

「それは違うだろ」と軌道修正しようとする。

それでもＴ－Ｐａｂｌｏｗは行きたいと言う。１週間密着しているのに、その間に行ってしまうというのだ。それにカジノに持っていくお金がない。

Ｔ－Ｐａｂｌｏｗは、ちらっと僕を見て「おさむさん、お願いします」と甘えた顔をする。つまりは、「そのお金何とかなんないっすか？」ということだ。

察したＹＺＥＲＲが「それは違うって」と止めに入る。

その瞬間、僕の心臓がバクバクしはじめた。

僕は放送作家を辞める。このＢＡＤ ＨＯＰとの番組が最後のバラエティーになる。

「このままでいいの？」と自分が自分に問いかける。

僕は決めた。

「わかった。明日、俺が１００万円下ろしてくるから持って行って」と。

仮にすったとしても返済しなくてもいいと。

ＹＺＥＲＲは僕を心配するが、僕は、奇跡を期待して、翌日１００万円を銀行から

下ろしてT－Pablowに渡した。

　彼は韓国に向かった。

　その日の夜、メンバーは店でかなりの量の酒を飲んだ。翌日は大掛かりなドッキリが行われる予定で、このドッキリの為にも飲んでもらう必要があった。だが、想像を超える深酒になり、それがきっかけでメンバー同士が大喧嘩になったり、ドッキリがバレかけたり、さらには、ドッキリを仕掛けるメンバーと仕掛けられるメンバーも叫び合いの大喧嘩になってしまった。スタッフが全力で止めに入る。大事件寸前。

　YZERR曰く、こんなことは普段ないのだという。1週間の共同生活でこれまで体験したことがないことをして、メンバーのストレスもマックスになっていたのだろう。

　ドッキリが失敗しそうになった時は、早朝、家に帰っていた僕に、スタッフから鬼のような回数の電話がかかってきた。

　だが、なんとかドッキリは決行され、成功した。

　最終日。クルーザーでのファン感謝デーを行う直前、一人で韓国に行っていたT－Pablowが帰ってきた。結果は何も言わない。

　みんな察した。「ダメだったんだな」と。

昔から応援してくれているファンの為のイベントを行い、1000万円を使い切って、すべての予定を終えた。

エンディング。みんなの感想を聞いているときに、T－Pabllowが「ちょっといいですか？」と言い、自分の鞄からあるものを出した。

袋に何か入っている。もともと1000万円が入っていた空のアタッシェケースに、彼が何かを置き始めた。

現金だ。

ギャンブルの結果である。

1070万円のお金を置いた。

そこにいた全員が自分の目を疑った。

僕が渡した100万円を持ってカジノに向かったT－Pabllow。すぐに帰ってくると言っていたが最初からそんなつもりもなく、粘って粘って粘り勝ちして、100万円を1070万円にしてきたのだ！

それを知った瞬間、メンバーもスタッフも全員が「おーーーーーー!!」と声を出す。

僕も思った。「こんなことあるんだ！」と。

カジノで換金した証拠の紙もちゃんと持ってきた。

僕は正直、100万円は戻ってこないと思っていた。だけど、10倍以上になってきた。

T－Pablowは最後の最後に奇跡を起こした。

そして僕に100万円を返した。

だけど、僕は100万円を受け取ることを拒んだ。「いらない」と。元々返ってこないと思っていたお金。もう奇跡を見せてくれたことで十分だと思った。だから、T－Pablowが勝ったお金は川崎のライブに使ってほしいと思って、僕は受け取らなかった。

そして撮影が終わった。

この1週間、アドレナリンが出まくった。最後の最後に奇跡を見ることが出来た。家に帰って風呂に入ろうと思ったら、スタッフが「YZERRが最後におさむさんと写真を撮りたいので、共同生活した家に来れませんかと言っているんですけど」と言うので、僕は共同生活の場所に向かった。

だが、彼らがなかなか来ない。待つこと1時間。

彼ら8人がやってきた。カメラも一緒に来た。そこでYZERRは僕に聞いた。

「この1週間、おさむさん的にはどうでしたか？」と。

僕は本音を答えた。「最高の1週間でした。そして、自分がこの仕事を辞める理由が分かったんだ。僕はSMAPと仕事をしているときに、奇跡が起きるようすがを残して企画を作った。奇跡が起きないこともあったけど、起きることもあった。だけど、彼らが解散して、奇跡が起きる可能性を信じて番組を作ることがなくなって。だから辞めるんだって気づいた。だけど今回は、あれ以来、久々に奇跡を信じて番組を作れたし、みんなが奇跡を起こしてくれた。ありがとう」と。

彼らと一緒にいて、気づけた自分の気持ち。

すると、YZERRは「おさむさんを待たせてしまったんですけど、お礼をお渡ししたくて」と言って、花束とプレゼントをくれた。

その1時間で、8人で買いに行ったもの。

開けるとそこには、ROLEXの時計が入っていた。

最後の最後まで裏切ってくれるBAD HOP。

彼らとの作品が、僕の最後に作るバラエティーとなって、本当に良かった。

これで思い残すことはない。

放送作家を辞めて、勝負の時が来たら、彼らから貰った時計をハメて、時を刻みたい。

この「1000万1週間生活」をやっているとき、僕はなるべく現場に向かうようにしていた。なので終盤、体力的にはかなり疲れていた。

6日目。朝からトラブルが発生したとスタッフから電話があり、予定より早く家を出て現場に向かうことになった。

家を出る時に、妻が僕の顔を見て言った。

「BAD HOPの撮影が始まってからさ、久々にワクワクした顔してるね」

最後のテレビ論

テレビ界がずっと戦ってきたもの、それは「視聴率」でした。視聴率が良ければ番組は続くし、悪ければ終わる。

作り手はみんな視聴率を追い求めてきた。戦ってきた。テレビ番組は「視聴率が全て」だった。

おもしろい番組を作れば視聴率が取れる時代から、毎分視聴率や細かい視聴者データを見られる時代になると、どうやって番組を作ったら視聴率を取れるか？　を研究し、テクニックを使って番組を作る人も多くなった。

でも、２０００年代に入り、ネットのエンタメが急速に広がっていく。生活スタイルも変わり、テレビを見る人は少しずつ減っていく。特に若い世代のテレビ離れが進んでいく。

テレビでは、性別や年代で層を区分していて、50歳以上の女性をＦ３、50歳以上の男性をＭ３と呼んでいる。ちなみにだが、50歳以上なので、60代、70代、80代以上もここに入っている。

若い世代のテレビ離れが進むと、在宅率も高く人口も多いＦ３・Ｍ３の視聴率を多く取ると世帯視聴率が上がることから、より高齢層の人が多く見る番組を作っていく人も増えた。

それによって、若い視聴者は「私には関係ない」と思い、よりテレビから離れていった。

YouTubeの中には若い人たちが熱狂するスターが続々出て、そこに、Netflixを始めとするテレビの強敵が現れ始める。

２０２０年、ついに視聴率の取り方が変わる。テレビ局は、何世帯見ているかではなく何人見ているかで計測する「個人視聴率」をメインにするようになった。

それと同時に、Ｆ３・Ｍ３ではなく、若い世代がどのくらい見ているかを大切にする局が増えた。

若い人に見てもらうためにと、芸人さんを起用する番組が増えた。でも、90年代に比べると製作の予算はかなり減っている。

スタジオでのトークをベースにした企画や、ロケだけで作る番組も増える。あの手この手で色々な策を考えて、低予算の中で若い人が見たくなるような番組を作ろうとする。もちろん中にはヒットしている番組もある。

そしてドラマも、2010年代は、医療ドラマ、刑事ドラマがかなり増えた時期もあったが、わかりやすく恋愛ドラマも戻って来た。

が、僕は正直、「時すでに遅し」と思っている。

一度テレビから離れていった人たちを戻すのはなかなか難しい。そして、若い世代の人たちは、YouTubeから、TikTokに流れ着き、夢中になっている。

スマホで場所を選ばずにどこでも見ることが出来る。短い尺で自分の趣味に合ったものが次々に出てくる。おもしろいに決まっている。

そこにはテレビの切り抜きも大量に流れてくる。テレビ界の人でたまに「TikTokでテレビの映像を見てるから、結局、テレビ好きなんですよ」とか言ってる人がいるが、「こいつ、何言ってんだろう」と思う。そこで見られても、テレビというビジネスモデルが成立していない。

テレビではコンプライアンスもどんどん厳しくなり、作れるものにも制限がかかる。その中で、本当にいろんなアイデアを考えてよく作っているとは思う。

だが、限界は来ている。

Netflixなどでは、世界中のおもしろいコンテンツをどの時間でも簡単に見ることが出来る。そのコンテンツには、自由がある。テレビのようなコンプライアンスに縛られないエンターテインメント。

そしてそこに民放のテレビ番組も並べられているという残酷な現状。テレビをリアルタイムで見る理由がかなり減っている。

視聴率を追い求めて視聴率と闘ってきた結果、「視聴率ってなんなの？」と思いながら作っている人たちはきっと多いはずだ。

僕もこの10年ずっと思っていた。「視聴率100％って何人が見てる想定なの？」と。視聴率が10％だと世の中の10分の1の人が見ているかのようにいまだに思わせているがそんなわけはない。

僕は、視聴率100％だとして、3000万人が見ていたらすごい方だと思っている。真実は分からないが、それをそろそろ公表しないと、モヤモヤしたものが残ったまま、何を追い求めて戦ったらいいか分からない人が多いと思う。

僕は放送作家を辞める前に、テレビ朝日で「離婚しない男—サレ夫と悪嫁の騙し愛—」というドラマの脚本を書いた。ドラマの第1話が配信でテレビ朝日の新記録を打ち立てた。最後に自分なりのヒットをテレビで出せたと思うが、スタッフは、視聴率よりも配信の数字を大事にしていた。

SNSでもかなりバズった。テレビドラマは、今や、リアルタイムよりも配信を重んじるようになり、その結果がいいと喜ぶ。

僕も自分のドラマがバズって配信の記録が出たと言われて、とても嬉しかった。だが、これってテレビというビジネスモデルの中で成立してるのかな？　という疑問がずっとあった。


この数年「テレビはどうなると思いますか？」といろんな人に散々聞かれるが、正直分からない。だが、リアルタイムで見る人はどんどん減っていくだろうと思う。

確かにテレビに出演することで、認知度は一気に上がる。「テレビの力はまだまだすごい」と言っている人が結構いる。本当にそう思う。だけど「まだまだすごい」って言っててていいのかな？「まだまだすごい」とか言ってるんじゃなくて、テレビの力を利用して、新たなビジネスモデルを作り上げて「テレビはやっぱりすごかった」って言わせなくていいのかな？

西野亮廣（あきひろ）さんと話していた時に、「テレビに本気でビジネスを考えられる人がいたら、それで一気に変わると思う」と言っていた。

その通りだなと思う。ビジネスを考える人はいるのだろうが、そこに必要なのは天才だ。

テレビを作っている人は頭もよく器用だし、おもしろいものを作ると思う。だからこそ、今、視聴者が減っている状況の中で、ただ作り続けていくのではなく、テレビの力を使った新たなビジネスモデルを本気で考えて構築していき、光の射す方向を見つけることで、みんながそこに新たなエンターテインメントの国を作ればいいんじゃないかと思う。

こういうことを書くと、「じゃあ、それはなんなんだよ」と聞くかもしれない。

そんなもん分からない！！！

だから、それを考えることに、みんながもっともっと本気で力を注ぐしかないと思う。

その為に必要なことは何なのか。僕は、テレビは一度白旗を上げてしまったらいいと思う。「テレビはネットに負けました」と。言い切ってしまえば、みんな楽になる気がする。

プライドなんか捨ててしまって、敗北宣言したところから、新しい星を作れる。

２００５年に堀江貴文さんのフジテレビ買収騒動があってから、テレビはネットに対してのアレルギーが強くなり、その時代が長かった気がする。だからネットとの連動も遅かったのではないか？　でも、もう、時代は違う。

だって、この先、ネットと共に新しい形を作っていくしかないんだから。


負けを宣言したら、楽になる。

そしてそれを言い切れたら格好いいし、おもしろい。

テレビって、そうであってほしい。

ここで最後に。書かせてほしいことがあります。

僕が20代の頃、「ＳＭＡＰ×ＳＭＡＰ」という番組で出会った、僕より一回り以上年上の永井準さんという放送作家の大先輩がいました。永井さんは僕に会うと「おい、天才」と言って笑っていました。嫌味で言っているのではなく、本気で言ってくれていました。「もっとおもしろいもの考えろよ」と。

永井さんは、40代後半になると、「ＳＭＡＰ×ＳＭＡＰ」や「笑っていいとも！」などの番組を見た感想を細かく書いて、それをプロデューサー経由でディレクターなどに渡していました。その感想を僕も見ます。さすが大先輩だけあって痛い所をついていることがよくあったのですが、認めたくない自分もいたりした。その感想は、「笑っていいとも！」は5曜日全部書いていたし、自分の名前が番組に入っているものは全部やっていた。

永井さんは若い頃はおそらくキレキレのアイデアで勝負していたんだと思う。だけど、40代後半になり、自分が出来ることを自分なりにやろうと思ったんだと思う。

これって本当にすごいことだと思う。ある意味、アイデアでは勝負できなくなったから、出来ることをやろうと宣言しているようなもの。それを恥ずかしがることもなく、お金を貰っているからこそ、プロとして、自分なりに役に立つことをしたいと思って、見つけた答えなんだと思う。今、振り返ると、40代後半でそれをやっていた永井さんは本当に凄い。

そんな永井さんに言われた言葉がある。僕は20代中盤のとても忙しい時に、免許を取るために教習所に通っていて、体力的にもしんどくてフラフラになっていた。

会議終わり、永井さんがそんな僕の所に寄ってきて、「よ！　天才！　なんでそんなに疲れてるんだ？」と聞いてきた。僕が教習所に通っていることを伝えると、永井さんは言いました。「おさむ、今のお前にしか出来ないことがあるんだから、免許なんか取りに行かなくていいんだよ。今お前にしか出来ないことを全力でやるんだよ」

そして。

「将来な、絶対仕事は減るんだよ。間違いなく減る」

僕の目をまっすぐ見て言いました。

「でもな。俺なんかさ、40代後半になってさ、バイクの免許取りに行ってさ。これが、楽しいんだよ。だから、今は今のお前にしか出来ないことをやるんだよ。世の中の人がやってることは、人生の後半の楽しみにとっておけよ」と。

それを言われて僕はすぐに免許を取りに行くことを辞めた。

永井さんの言葉は僕を楽にしてくれた。20代中盤で仕事が一気に増えた頃だったけど、やっぱり心の中には「いつかこの仕事もなくなるかもしれない」と思って仕事している自分がいた。そんな僕に永井さんは、「仕事は減る」と言い切ってくれた。

永井さんは、自分は白旗を上げたんだと言い切ってくれた。

本来だったら格好悪い自分なんて見せたくないはずなのに、永井さんはそれを見せて、伝えた。

そのことを教えてくれた永井さんは57歳で旅立っていきました。

僕は永井さんのこの言葉がずっとずっと、胸に残っていました。

僕がＳＮＳで仕事を辞めることを発表したのは２０２３年の10月12日でした。この時、永井さんに言われた言葉を書きました。

それから2カ月ほど経ったころ、僕の所に手紙が届きました。永井さんの奥様からでした。

お会いしたことはないけれど、手紙を書いて送ってくれました。

奥様は、僕が辞める時に永井さんの言葉を書いていたことに大変感謝してくれていました。

亡くなって17、8年経っても名前を出してもらえたことを主人も嬉しく思っているはずです……と、感謝の言葉が綴られていました。

しかも、僕が発表した10月12日は、永井さんの奥様の誕生日だったそうです。

僕が辞めることを発表し、永井さんのことを書き、それを奥様が自分の誕生日に知る。「えにし」のようなものを感じたと、それが筆を執るきっかけになったと。

手紙の中には、お子さんは大きく育ち、もうお孫さんもいると書いてあり、とても安心しました。

奥様は現在もお仕事をされているそうで、手紙には、生前、永井さんが奥様に言われた言葉が書いてありました。それは。

「『永井さんにお願いします』と言われるような仕事をしなさい」

どんな仕事でも、自分にしか出来ない仕事をしなさいということだろう。永井さんも、きっとそう思って、番組の感想を書いていたのだ。あれは永井さんにしか出来ないものだった。

そして、奥様はそう言われていたから、永井さん亡きあとも、ずっとその気持ちで仕事を続けてきた。

「『○○さんにお願いします』と言われるような仕事をしなさい」

自分はこの32年、「おさむさんにお願いします」と言われるような仕事をどれだけ出来てきたのかなと。

自分じゃなきゃいけない仕事をする。それがどのくらい出来たかなと。

僕はこの永井さんの言葉をテレビに送りたい。

「テレビでお願いします。と言われるようなメディアであり続けてほしい」

なんとなくのテレビじゃなく。

テレビじゃなきゃダメ。

テレビにしか出来ない。

テレビがいい。

テレビでお願いします！　と全部の世代から言われるようなテレビになるには、やはり一度白旗を上げ、テレビの力を使って出来ることを、プライドを捨てて探し出していく。

その先には、きっと、また、キラキラしたテレビがある。そうであってほしい。

僕が仕事をしていたテレビとは違うかもしれない。

だけどそれでいい。

テレビ、変わることをおそれずに。

テレビ、ありがとう。

テレビ、大好きです。

テレビ、愛してます。

さようなら。

放送作家　鈴木おさむ

鈴木おさむ

1972年、千葉県生まれ。19歳で放送作家デビュー。

バラエティーを中心に、数多くの人気番組の企画・構成・演出を手掛ける。

そのほか、エッセイ・小説の執筆や漫画原作、映画・ドラマの脚本の執筆、映画監督、ドラマ演出、ラジオパーソナリティ、舞台の作・演出など多岐にわたり活躍。

2024年3月31日に放送作家を引退。

著書に『仕事の辞め方』(幻冬舎)、『もう明日が待っている』(文藝春秋)など。

初出　「週刊文春」2023年10月19日号～2024年4月4日号
書籍化にあたり、加筆修正を行い、書下ろしを収録しました

文中歌詞掲載曲　「時間よとまれ」作詞：鈴木おさむ、作曲：M.Rie

装丁　加藤愛子（オフィスキントン）

最後（さいご）のテレビ論（ろん）

二〇二四年三月三一日　第一刷発行

著者　鈴木（すずき）おさむ
発行者　大松芳男
発行所　株式会社文藝春秋
〒一〇二－八〇〇八
東京都千代田区紀尾井町三番二三号
電話　〇三－三二六五－一二一一（大代表）

印刷所
製本所　大日本印刷
DTP制作　エヴリ・シンク

ISBN978-4-16-391820-4　　Printed in Japan